上海出版资金项目
Shanghai Publishing Funds

发现植物

好看的植物

编著 李佳
摄影 寿海洋
审读 刘凤
插画 邬家祯
手工 郑英女

少年儿童出版社

●这本书带你认识身边的美丽植物

别名和花期让你能更快在公园、街道、花坛中找到它们

漫画拓展，原来它还有这么有趣的小知识

标注拼音，再也不怕念错花草的名字

每和合页介绍一种主要植物，从这一种植物出发，认识更多植物

全书按照花朵颜色排序，一本能按照花色查找的彩虹植物书

fèng xiān huā
风仙花
【别名】指甲花、急性子
【学名】*Impatiens balsamina*
【家族】凤仙花科
【株高】高0.6~1米
【分布】原产南亚到缅甸，世界广泛栽培
【花期】花果期7—10月
好看的植物
花粉红色
凤仙花能够用
凤仙花的一枚“花瓣”向后延伸成细管状的距，仿佛是凤凰并拢的双足；距里面有花蜜，能吸引昆虫前来采蜜，为它传粉
32

高清花、叶大图，轻松看清识别特点

全株照片，当你第一次遇见它时，它通常是这样的

植物文化、植物故事，有趣的知识读起来更过瘾

注意：本书中《植物手作》栏目须在家长看护下完成。

想了解更多花、叶、果实特征，这些小标签、小照片帮你实现

创意植物手工，就地取材，上手轻松，成就满满

凤仙花在中国是历史悠久的花卉，因为花的
样子像凤凰而得名。
凤仙花花色浓艳，其中的色素可以用来染指
甲，所以它又叫“指甲花”。不过，要用凤仙花
染指甲，光是摘下花朵往指甲上硬抹，是染不上
多少颜色的，需要一点技巧。你需要准备一点明
矾，先把明矾和凤仙花放在研钵里一起研磨，然
后再往指甲上涂，这样才能染上色。明矾在这里
起到了“媒染剂”的作用，它就像一位媒人，极
力“介绍”花色素去和指甲结合。明矾用量多少，
对最后的染色效果也有影响：用得多，染的颜色
就深；用得少，染的颜色就浅。这就看你的个人
喜好了。
凤仙花又叫“急性子”，这和它的果实有关。
凤仙花后面有细长的距
凤仙花果实成熟后，会迫不及待地炸裂开来
制作步骤
花开半妍
你可以使用这些材料：细铁丝、牙签、麦冬、海州常山等花草。
❶取一条麦冬叶子，叶面朝外，在10厘米处用手折出压痕。
❷每隔10厘米折一次压痕，拼成一个等边三角形。
❸继续用叶片缠绕，注意在转角处均需要折出压痕，使造型更具立体。
❹在一条麦冬叶子缠完后，再取一条麦冬叶子继续沿三角形折绕。
❺缠绕六圈后，用牙签依次穿过三角形三个内角的两个边，将三角形主体进行固定。
❻将多余的牙签剪断，继续再做两个三角形。
❼将三个三角形边靠边，角挨角围成一个三棱锥。
❽用细铁丝将三棱锥固定，做一个挂钩。
❾将花材放在三棱锥最中央，完成作品。
这样做可以让你的作品更漂亮：
1.各种叶片长条形的植物都可以用来替代麦冬。
2.在三棱锥中放上不同的植物，或是在三棱锥的边上固定上小装饰，就能形成不同风格的作品。

了解了一种，就能拓展认识更多种相关植物

目录

shí suàn
石蒜

【别名】彼岸花、平地一声雷、龙爪花、蟑螂花、牛屎花
【学名】*Lycoris radiata*
【家族】石蒜科
【株高】叶基生
【分布】原产中国山东、河南及以南广大地区，日本也有，常见栽培
【花期】花期8—10月，果期10—11月

石蒜类有不同颜色的花，比如换锦花是粉红色的，而忽地笑是黄色的

石蒜是一种常见又奇特的花。说它常见，因为南方很多山区都有，开花的时候，一根细细的直立茎上，绽放着一朵火红的花朵，那红得耀眼的花色让人们从很远的地方就能看到。说它奇特，不仅是因为那鲜红的花色和张牙舞爪的花形，也因为它开花的时候不生叶，叶子要到花谢之后才萌发。

正因为石蒜这奇特的习性，它在中国民间有了很多稀奇古怪的名字。有的带有艺术性，比如叫“龙爪花”；有的听上去很有乡土气，比如上海管它叫“蟑螂花”，还有的地方叫“牛屎花”；它还有个别名叫“平地一声雷”，充满了一种奇妙的画风。

相比之下，石蒜在日本被叫做“彼岸花”，名字中充满神秘和凄美。有人说叫它“彼岸花”是因为开花时无叶，长叶时无花，花、叶永不相见，仿佛有一方置身遥远的彼岸。也有人说是它喜欢长在潮湿背阴的墓地附近，象征了黄泉路。还有人说，是因为石蒜有毒（这是石蒜科家族很多植物的共性），人误食会剧烈腹痛、上吐下泻，担心自己会有生命之虞，被迫踏上前往彼岸之路。其实，“彼岸花”这个名字最可能的由来是：日本人把春分和秋分前后的日子称为“彼岸”；石蒜的花期在初秋，离秋分不远，所以就叫“彼岸花”了。

石蒜生叶时不开花

石蒜的雄蕊像蜘蛛脚一样长长地向外伸出

石蒜球茎

yú měi rén

虞美人

【别名】丽春花
【学名】*Papaver rhoeas*
【家族】罂粟科
【株高】0.25~0.9 米
【分布】原产欧洲，中国广泛栽培
【花期】花期 4—5 月，果期 5—7 月

纤细的花茎会随风摆动

虞美人这个颇有风韵的名字，传说源自中国古代一个凄美的故事。楚汉战争时期，西楚霸王项羽节节败退，最后被刘邦的汉军围困在垓下（安徽省灵璧县境内）。晚上，楚军听到四面响起楚地歌声，以为家乡已经全被汉军攻占，士气低迷。项羽知道大势已去，不禁慷慨作歌，唱给身边始终陪伴他的美人虞姬："力拔山兮气盖世，时不利兮骓不逝，骓不逝兮可奈何，虞兮虞兮奈若何！"

作为植物名字出现的"虞美人"，最早出现于宋代。然而，那时候的"虞美人"指的是一种类似大豆的植物，它的叶子会迎风舞动，古人联想到了能歌善舞的虞姬，就管它叫"虞美人"。今天我们说的虞美人，是一种外来物种，在明代才传入中国，最初叫"丽春花"。从清代开始，改叫"虞美人"。也许，它纤细柔弱的花茎，鲜红的花色，让人们再次联想到了传说中和项羽一起自杀的虞姬吧。

虞美人和毒品植物罂粟有很近的亲缘关系，常常有人误把花坛里种植的虞美人当成罂粟，然后打电话"110"举报，搞得警方哭笑不得。其实，它们在形态和化学成分上都有差异。虞美人虽然也有毒，但完全不含吗啡类生物碱，是不可能用来提取毒品、让人成瘾的。

虞美人的果实顶端有放射状的紫色线条，和罂粟很像

没有开花的虞美人

第一次世界大战期间，一位英国诗人用虞美人作诗歌咏阵亡将士，从此，红色的虞美人就成为纪念战死者的花卉

yī chuàn hóng

一串红

【别名】象牙红
【学名】*Salvia splendens*
【家族】唇形科
【株高】高达0.9米
【分布】原产巴西，中国广泛栽培
【花期】花果期6—10月

一串红的花序能长到20厘米长

昆虫帮忙传粉

丹参是一味有名的中药，形似一串红。除了入药之外，丹参也和一串红一样，可以作为观赏植物栽培

一串红是极为常见的花卉。在城市里的不少花坛中，成片的一串红高举着自己鲜红的、以轮伞花序排列的红花，把花坛变得特别醒目。不过，一串红可不是新鲜花草，它在几十年前在中国就已经十分流行了。问问你的父母吧，也许他们小时候就摘过这种花，吸食过里面甜甜的花蜜。

当然，一串红合成花蜜的“目的”不是为了让小朋友吃，而是为了吸引蜂鸟或蜜蜂前来为它们传粉的。一串红的花里有道神奇的机关：它的雄蕊顶端有个跷跷板一样的结构，外头一端长着花药，里面满是花粉；当蜜蜂前来采蜜时，肥大的身躯使劲往花里钻，就会碰到跷跷板的里头一端，于是这一端就被顶起来，外头一端压下去，正好把花粉涂在蜜蜂身上。当蜜蜂采完蜜，再去寻访下一朵花时，就把上一朵花的花粉带到了下一朵花，完成了传粉的过程。有了蜜蜂帮助传粉，一串红才能顺利结出种子，孕育出下一代。

一串蓝的花串形似一串红，却是蓝色的

一串红有长长的花冠管

这种奇妙的传粉方法并不是一串红独有的。除了一串红之外，在唇形科这个大家族中，还有将近1000种植物都会巧妙利用鸟类或昆虫帮忙传粉，其中就有丹参和蓝花鼠尾草。

蓝花鼠尾草也叫一串蓝，名字和“一串红”正好对应。它产自美国和墨西哥，也是一种常见的观赏植物。因为它的蓝紫色花串很漂亮，甚至被有些人误认成薰衣草呢。

dà huā měi rén jiāo

大花美人蕉

【别名】无
【学名】*Canna × generalis*
【家族】美人蕉科
【株高】高 0.5~2.5 米
【分布】园艺品种，中国广泛栽培
【花期】花期夏秋季，未见结实

公园的水池边常能发现它的身影

大花美人蕉颜色丰富

美人蕉这个名字美，植物本身也极美。它有巨大的叶片，很像芭蕉；而那亭亭玉立的茎秆和形状奇特的花朵，又极具风韵。

美人蕉类植物一共有几十种，全部原产热带美洲，这也意味着直到1492年哥伦布“发现”美洲之后，它们才可能传入亚欧大陆。其中，美人蕉这个种在中国栽培历史最悠久。除了观赏之外，美人蕉的地下茎因为含有淀粉，可以食用；茎叶纤维还可以用来做麻袋、搓麻绳。

在缅甸有个民间传说：佛祖一生中曾经几次经历险境，有一次他经过山崖下方，有人从上面往他的头上扔大石头，想把他砸死。这时候，山神出手相救，接住了大石头，但仍然有小石片掉落下来，击中佛祖的大脚趾，皮破血出。血落地之后，便长出美人蕉来，所以它的花色是血红色。当然，美人蕉很晚才传入缅甸，这则民间传说的诞生时间自然也很晚，但它可以说明，当一种外来植物成为本地人司空见惯的植物之后，它就会自然而然融入本地传统文化中。

美人蕉的花大多是红色的。如今，在公园中最常见的美人蕉类花卉是大花美人蕉，它不是野生植物，而是通过杂交选育出的一组园艺品种，花色也更丰富，有纯黄色、黄红杂色，也有像美人蕉一样的大红色。正如名字所示，大花美人蕉的花很大，因此也更有观赏价值，在园林设计中很受喜爱。

美人蕉的叶片

大花美人蕉的果实看上去毛茸茸的

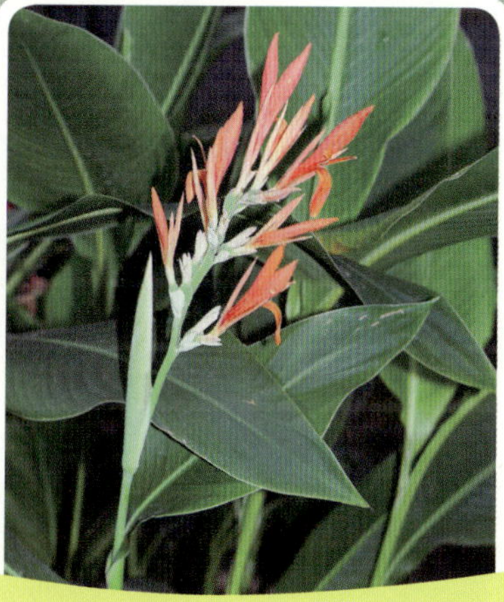
中国栽培最久的美人蕉，花比较小

zǐ mò lì

紫茉莉

【别名】夜饭花、洗澡花、地雷花、胭脂花
【学名】*Mirabilis jalapa*
【家族】紫茉莉科
【株高】高达1米
【分布】原产热带美洲，中国常见栽培
【花期】花期6—10月，果期8—11月

午后，紫茉莉开花，到第二天午前花谢

紫茉莉的花除了紫红色还有其他颜色

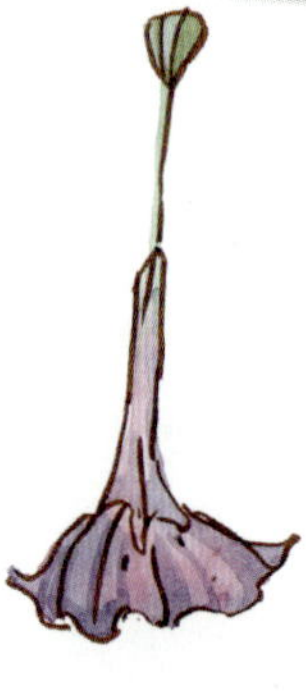

植物游戏——制作紫茉莉耳环

紫茉莉果实里的种子可以磨成化妆粉

紫茉莉圆锥形的根

叶子花在华南地区很受欢迎

紫茉莉是一种高大的直立草本花卉，是欧洲人“发现”美洲之后，较早传入中国的观赏花卉之一。它也像一些美洲来的农作物一样，有很多地方性的中文名。“紫茉莉”这个名字出自明代万历年间的学者高濂所著的《草花谱》，现在是这种花卉正式的中文名字。当然，虽然紫红色或粉红色的紫茉莉花并不少见，但这种花也有黄色、白色，有时一朵花就有两种颜色，“紫”只能算是代表色罢了。

《草花谱》还记录了紫茉莉的一个别名“胭脂花”，是说它的种子剥了皮可以磨成白色粉末，作为化妆品搽在脸上，仿佛胭脂一样。如今在北方，小孩子们喜欢管紫茉莉叫“地雷花”，这是因为它的种子表皮黑色，疙里疙瘩，像地雷。这些都是根据种子起的名字。

在上海一带，人们常常管紫茉莉叫“夜饭花”，这是因为紫茉莉花要到傍晚时分才开放，正好是吃夜饭（晚饭）的时候。无独有偶，南京一带管紫茉莉叫“洗澡花”，也是因为它开花的时候是人们晚上洗澡的时候。在英语中，紫茉莉有个名字叫“four o'clock flower（四点钟花）”，同样是在描述它的花开放较晚的特征。

紫茉莉是紫茉莉科这个大家族的“族长”。在紫茉莉科中，还有一类世界知名的花叫“叶子花”，它同样也有很多别名，如宝巾、三角梅、九重葛、簕杜鹃等。在华南地区，叶子花种得很多，还是深圳、厦门、珠海、海口、三亚等市的市花呢。

dà huā mǎ chǐ xiàn

大花马齿苋

【别名】半枝莲、太阳花、松叶牡丹、死不了
【学名】*Portulaca grandiflora*
【家族】马齿苋科
【株高】0.1～0.25 米
【分布】原产中南美洲，中国广泛栽培
【花期】花期 6—8 月

别名“太阳花”暗示着它是极为喜阳的植物，每天都要在直射的阳光下才长得好

有的花草，娇生惯养，必须好好伺候，才能茁壮成长。也有的花草，健壮皮实，不需要太多的照顾，也能欣欣向荣。大花马齿苋就是后者之一，从它的别名“死不了”就能看出它旺盛的生命力。就算把它一直扔在太阳底下暴晒，它也不会枯死。不仅如此，它还有强大的营养繁殖能力。掐下一段茎叶，插在花盆里，很快它就能生根，用不了多久就会长满一盆。如果有人觉得自己不擅长种花，但又想种点什么，那么大花马齿苋是个不错的选择。

大花马齿苋的叶子肉质，棍棒状

大花马齿苋是一个严谨的科学名字。除了“死不了”，它还有不少别名，如半枝莲、太阳花、松叶牡丹等，都是形容它的花色彩绚丽热烈，相对纤瘦的茎叶显得很大，似莲花，似太阳，似牡丹花。“松叶牡丹”的“松叶”二字，则顺带也描述了它的叶片呈棍棒状，有点像松叶。

环翅马齿苋是大花马齿苋的近亲，花也很大，但叶子是扁平的

仙人掌和大花马齿苋是近亲

大花马齿苋原产美洲，那里也是仙人掌类的故乡。马齿苋类和仙人掌类植物虽然形态差别很大，其实是近亲，为了对抗干旱，都演化成了多肉植物。只不过，马齿苋类选择把叶变得肥厚多汁，仙人掌类则选择让茎变得粗大，很多种类干脆把叶子作为“累赘”丢掉了。难怪曾经有植物学家动过念头，把马齿苋类也合并到仙人掌科这个大家族里去呢。

xiāng shí zhú

香石竹

【别名】康乃馨
【学名】*Dianthus caryophyllus*
【家族】石竹科
【株高】0.4~0.7 米
【分布】原产地可能在地中海地区，中国和世界广泛栽培
【花期】花期5—8月，果期8—9月

粉红色是香石竹最常见的颜色

完全重瓣的品种常用做切花

卷曲的叶子

中国原产的石竹如今在园艺上也有应用

说到“香石竹”，可能听说过的人不太多；但说到它的另一个名字“康乃馨”，你可能就会恍然大悟了。康乃馨是英文“carnation”的音译。译者巧妙地选择了“康”和“馨”这两个美好的译字，既表明这种花通常有芳香气息，又隐含了健康和温馨的美好寓意。

香石竹是西方一种久经栽培的花卉，文化寓意很多。比如，它是五一劳动节的节花之一，象征劳动工人的联合。其中最有名的寓意，是作为美国母亲节的节花。1907 年，一位叫安娜 · 贾维斯的美国女性提议设立母亲节，并希望能以香石竹作为纪念花卉，这是她母亲生前最爱的花。1914 年，母亲节正式成了美国的法定节日（每年 5 月的第二个星期日）。随着文化传播，康乃馨送给母亲的习俗传遍了世界。相比之下，知道萱草是中国传统文化中母亲的象征的人反而不多了。

石竹是香石竹的近亲，是中国原产的花卉，如今也已经广泛栽培。香石竹、石竹这一类花卉，最常见的颜色是粉红色。英语中“pink（粉红色）”这个词，本来是石竹类植物的英文名，后来才转义成为颜色的名称，就像汉语中“蓝”这个颜色名称最初也是来自植物的名字一样。

rose
（玫红色）
violet
（紫堇色）
orange
（橙色）
红蔷薇
堇菜
橙子
这些英语颜色名称都来自植物名称

lián

莲

【别名】荷花
【学名】*Nelumbo nucifera*
【家族】莲科
【株高】1~2米
【分布】产于中国及亚洲东部、大洋洲广大地区，世界广泛栽培
【花期】花期6—8月，果期8—10月

荷花是中国画里的常客

莲子心是种子中的胚，味道发苦，在吃莲子的时候要除去，不过，也有人喜欢莲子心的苦味，用它泡水喝

莲通称荷花，是世界名花，也是中国名花。中国古代关于莲的典故和诗文浩如烟海，比如北宋学者周敦颐就写过脍炙人口的《爱莲说》，文中描绘莲的句子“出淤泥而不染，濯清涟而不妖”传神地勾勒出莲的品格。

的确，荷叶虽然出自淤泥，却总是非常干净，连叶心积攒的水珠都是那么晶莹剔透。原来，荷叶表面有特殊的纳米级（1 纳米是 1 米的十亿分之一）微小结构，让水无法在叶表面铺开，只能团聚成水珠。随着水珠在叶面上的滚动，叶面上沾的灰尘也会被水珠带走。通过这种“自清洁现象”，荷叶便保护了自己不受大雨和烟尘的侵扰。

莲不仅可供观赏，也有很多经济价值，比如莲的种子莲子和膨大的地下茎藕，都是常见食品。古人对这种用途多样的植物观察非常细致，给它的每个部位都起了专属名称。比如莲子，古人叫“菂”；莲子中间的绿心，古人叫“薏”。

现在有一些植物画，把荷叶和荷花误画成直接从藕节上发出。其实，荷叶和荷花都是长在细瘦的莲鞭（也叫藕带，也可以食用）上的，古人称之为“蔤”。藕并不是时时存在的，要到秋天，莲才会长出膨大的藕，这是它的越冬器官。第二天春天，从藕的顶端再长出莲鞭，上面生出叶和花。

荷叶有自净功能，所以能出淤泥而不染

莲蓬是花托发育而来的，里面有莲的果实——莲子

这是花开两朵的“并蒂莲”，出现概率只有十万分之一

mǔ dān
牡丹

【别名】富贵花
【学名】*Paeonia × suffruticosa*
【家族】芍药科
【株高】1~2米
【分布】原产中国的园艺杂交品种世界温带地区多有栽培
【花期】花期4—5月，果期6月

粉红色的重瓣牡丹是最著
名的牡丹形象

芍药

牡丹

牡丹是灌木，枝条在冬天不会冻死
老枝的表皮会开裂；芍药是草本
物，地上部分在冬天枯萎，每年
发的新枝表皮光滑不开裂

这是牡丹的名贵品种“二乔”，一朵花上两色同在

牡丹的果实，像是毛绒绒的动物脚爪

自唐代以来，牡丹那雍容艳丽的硕大花朵就象征了吉祥富贵，成为民间广泛喜爱的花卉。20 世纪 90 年代，中国曾经打算评选国花，其中一个呼声比较高的方案是以梅花、牡丹为双国花，因为这二者分别象征了中国人精神中高雅和世俗的一面。

牡丹和菊花一样，是长期杂交和栽培之后形成的“人造种”。通过研究牡丹的分子“指纹”，植物学家发现它由至少 5 个野生种杂交而成。河南洛阳和山东菏泽是黄河流域的两个著名的牡丹产地，那里种植的“中原牡丹”就是高度混血的后代。而到了江南地区，种植比较多的是“江南牡丹”，主要用野生的杨山牡丹培育而成，虽然花色不像中原牡丹那么鲜艳，却能更好地适应江南湿热的气候，花期也比较早。

说到牡丹，就不能不提芍药。它们是亲缘关系密切的一对“姐妹花”，样子容易混淆，但掌握了诀窍也不难区分。比起牡丹来，中国人认识芍药更早。《诗经·郑风》中有一首《溱洧》，描述的是春秋时代郑国春暖花开、雪融河涨之时，年轻男女到河边嬉戏交游的场景。诗中说“维士与女，伊其相谑，赠之以勺药”，生动地白描出了彼此打情骂俏的少男少女相互赠送芍（勺）药花，作为定情信物的画面。

bā bǎo
八 宝

【别名】景天
【学名】*Hylotelephium erythrostictum*
【家族】景天科
【株高】0.3~0.8 米
【分布】原产东亚，中国常见栽培
【花期】花期 8 — 10 月

八宝的栽培大多靠扦插，它是种比较好活的品种

八宝的花盛开时如一片云霞

八宝是多肉植物，叶肥厚多汁

也有红花品种

现在有不少影视作品开始在中国浩瀚的植物文化中寻找灵感，比如《仙剑奇侠传》中的不少人物都是用植物名命名的，如徐长卿、重楼、龙葵、紫萱、景天等。

景天是个古老的植物名字，在大约东汉末年成书的《名医别录》中就出现了，又随着历代本草书一直流传下来。千百年来，景天除了药用，也被人们发掘出观赏价值。在北京地区，人们喜欢把景天叫“八宝”。最后，八宝这个名字被植物学家选中，成了这种植物的正式名称，“景天”反而成了别名。不过，八宝所在的植物大家族却仍然叫景天科，而不是“八宝科”。

景天科以盛产多肉植物闻名。莲花掌、拟石莲、青锁龙、伽蓝菜等许多著名的多肉植物都是景天科的成员。为了应付干旱或贫瘠少水的稀薄土壤，景天科植物让叶片变得肥厚，在其中便可以贮存水分。不仅如此，为了应付原产地昼夜温差大的环境，它们还发展出了一套独特的光合作用本领。晚上气温低时，叶片打开气孔吸收二氧化碳，以另一种形式暂时存放在细胞中；白天气温高时，叶片气孔闭合，以避免水分流失，二氧化碳则重新释放出来，作为光合作用的原料之一用来制造养分。通过这种巧妙的方法，景天科植物既获得了二氧化碳，又可以免于丢失宝贵的水分。

景天科盛产多肉植物，比如拟石莲和青锁龙

guān jié cù jiāng cǎo

关节酢浆草

【别名】无
【学名】*Oxalis articulata*
【家族】酢浆草科
【株高】无地上茎
【分布】原产南美洲，中国常见栽培
【花期】花期4—11月，未见结实

关节酢浆草的花心是红色的

通常5片花瓣

关节酢浆草的花心是红色的，
红花酢浆草的花心是绿色的

好看的植物 花粉红色

关节酢浆草属于“酢浆草属”这个小家族。“酢”的读音和“醋”相同。

酢浆草属很多种类的茎叶含有丰富的汁液，嚼起来有酸味，这种酸味来自一种叫“草酸”的物质，它有一定毒性，即使只是少量吃下，也会和食物中的钙结合，形成难溶于水的草酸钙结晶，既影响钙的吸收，又有造成肾结石的风险。所以蔬菜中那些草酸含量高的品种，在食用前最好能用热水焯一下，可以去掉一部分草酸。

红花酢浆草的花心是绿色的

关节酢浆草的每枚叶片有3枚小叶，有时会被人误认成三叶草（白车轴草等植物的统称）。但三叶草的小叶顶端没有凹陷，上面还有白纹，和关节酢浆草很不一样。不仅如此，关节酢浆草的小叶到晚上或阴天时还会闭合在一起，只在阳光比较充足的白天才完全开放，很有个性。

紫叶酢浆草有硕大的紫红色三角形小叶

关节酢浆草的花，里外都是粉红色。如果你见到了花瓣红色、“花心”绿色的植株，那不是关节酢浆草，而是另一种红花酢浆草。红花酢浆草是生命力极强的野草，可以产生大量块根，在地面下疯狂蔓延，还会在果实成熟时把种子弹得到处都是。它的原产地也在南美洲，如今它在中国已经成了广泛分布的杂草。

水中花

制作步骤

你可以使用这些材料：打孔器、玻璃碗、水、剪刀、各色落叶、各类野花。

❶ 把叶子放在手动打孔器中，进行打孔。

❷ 随自己喜好，可以在叶片的任何地方打孔，倒出打孔器储藏盒里的小圆叶片备用。

❸ 根据自己的喜好，分别对不同颜色的叶片进行打孔。

❹ 用剪刀剪取合适的花朵，去掉花茎。

这样做可以让你的作品更漂亮：

1. 本篇用到的花朵和叶片来自一年蓬、海州常山、苦苣菜，你也可以挑选自己喜欢的其他花朵或叶片；
2. 选择玻璃容器，将作品放在有光线的地方，能看到美丽的光影变化。

❺ 将裁剪好的小圆叶片和花朵放置在盛水的玻璃碗里，作品完成啦。

fèng xiān huā

凤仙花

【别名】指甲花、急性子
【学名】*Impatiens balsamina*
【家族】凤仙花科
【株高】高 0.6~1 米
【分布】原产南亚到缅甸，世界广泛栽培
【花期】花果期 7—10 月

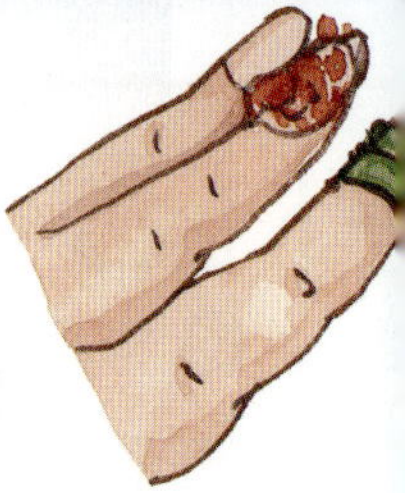

凤仙花能够用来染

凤仙花的一枚“花瓣”向后延伸成细管状的距，仿佛是凤凰并拢的双足；距里面有花蜜，能吸引昆虫前来采蜜，为它传粉

凤仙花在中国是历史悠久的花卉，因为花的样子像凤凰而得名。

凤仙花花色浓艳，其中的色素可以用来染指甲，所以它又叫“指甲花”。不过，要用凤仙花染指甲，光是摘下花朵往指甲上硬抹，是染不上多少颜色的，需要一点技巧。你需要准备一点明矾，先把明矾和凤仙花放在研钵里一起研磨，然后再往指甲上涂，这样才能染上色。明矾在这里起到了“媒染剂”的作用，它就像一位媒人，极力“介绍”花色素去和指甲结合。明矾用量多少，对最后的染色效果也有影响：用得多，染的颜色就深；用得少，染的颜色就浅。这就看你的个人喜好了。

凤仙花又叫“急性子”，这和它的果实有关。橄榄核形的果实其貌不扬，但是一旦完全成熟，便会毫无征兆地突然炸开，把里面的种子炸得到处都是。这是凤仙花在借助自己的力量传播种子。

凤仙花科是个大家族，有1000种左右。很多种类的花非常美丽，都有被开发成园艺花卉的潜力。如今，最常见的凤仙花类花卉除了凤仙花外，还有原产非洲东部的苏丹凤仙花和原产大洋洲的新几内亚凤仙花。它们的“花瓣”开展，不像凤仙花那样呈二唇形，但都有特征性的距。

凤仙花后面有细长的距

凤仙花果实成熟后，会迫不及待地炸裂开来

苏丹凤仙花的“花瓣”开展成一个平面

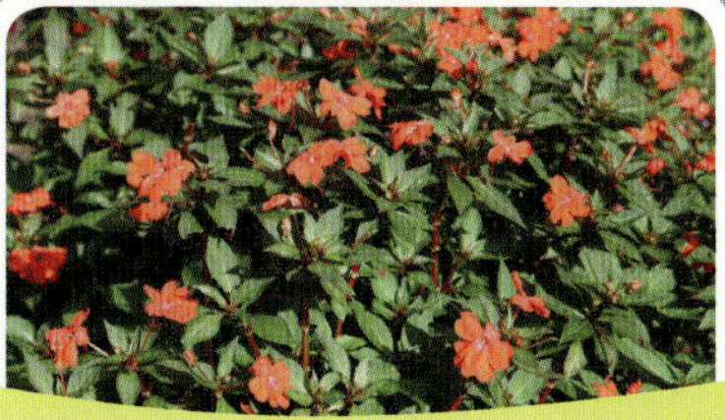

新几内亚凤仙花的花像苏丹凤仙花，叶子像凤仙花

shǔ kuí

蜀葵

【别名】戎葵、一丈红、秫秸花
【学名】*Alcea rosea*
【家族】锦葵科
【株高】高达2米
【分布】原产中国西南地区，世界广泛栽培
【花期】花果期5—11月

重瓣的蜀葵花也很美丽

蜀葵是锦葵科大家族的花卉。锦葵科有不少经济植物，比如棉花是极为重要的纤维作物和油料作物，而冬葵曾经是中国历史上非常重要的冬季蔬菜，到唐代还十分常见。事实上，“葵”这个字最早就是指冬葵。宋代以后，中国人培育出了味道更美的白菜，冬葵的栽培才慢慢衰落，变成了一种地方性蔬菜。

蜀葵的“蜀”字，有两种解释：一种说是指“四川”，因为那里是蜀葵的原产地之一；还有另一种说是“大”的意思，因为蜀葵的植株非常高大。的确，尽管蜀葵在春季刚萌发的时候只有几枚巨大的叶子，但到了晚春，它就会迅速拔出高大的茎秆，长得比人还高，然后在这茎秆上结出硕大的花来。因此，蜀葵有了“一丈红”的别名，听上去颇像行走江湖女侠的绰号。

在中国农村，蜀葵是常见花卉。农夫们又给它起了另一个很有乡土气息的名字，叫“秫秸花”，因为它的茎秆看起来跟秫秸（摘了果穗的高粱秆）有几分相似。

除了蜀葵，锦葵科家族里还有很多常见花卉。比如黄蜀葵，原产地也在中国。因为黄蜀葵的花在秋季开放，所以过去人们常常管它叫“秋葵”。不过，如今“秋葵”这个名字已经被它的近亲咖啡黄葵抢走了，这是现在人们的新宠，餐桌上那道营养丰富却吃起来黏糊糊的蔬菜。

蜀葵垂直生长，开花的时候植株十分高大

蜀葵的果实，里面包着小小的种子

黄蜀葵的花是黄色的

冬葵是中国历史上重要的冬季蔬菜

sì jì hǎi táng

四季海棠

【别名】四季秋海棠
【学名】*Begonia × semperflorens*
【家族】秋海棠科
【株高】高 0.15~ 0.3 米
【分布】园艺杂交品种，世界广泛栽培
【花期】花果期 3— 12 月

一小盆四季海棠在花鸟市场很容易买到

现代植物学已经表明，秋海棠和海棠并没有亲缘关系

秋海棠和凤仙花一样，是一种喜欢湿润遮荫环境的精巧草本植物。它们叶形奇特，叶片基部形状不对称，有不少种类叶片上有漂亮的斑点或斑块，即使不开花的时候也是很好的观叶植物。待到开花时，玲珑剔透的花朵又会给人另一种美的享受。

中国有100多种秋海棠，大多分布于南方，但也有少量种类分布在北方。最早被古人认识的就是北方的种类，因为它们的花色粉红，像海棠花，但和海棠不同，花期在秋季而不是春季，所以得名“秋海棠”。

在美洲，秋海棠的种类更多，它们很早就得到了西方园艺家的青睐。利用巴西的两种野生秋海棠，园艺家杂交出了几乎一年四季都能开花的品种，于是它们的中文名也就顺理成章地叫做“四季海棠”。

四季海棠的花色不限于粉红色，也有红色、黄色、白色等。它们植株矮小，可以紧密种植，所以常常用来布置立体花坛。用钢架做成立体花坛的基本结构，在表面铺设塑料布，然后把四季海棠等植物连泥土一起固定在塑料布上，就做成了各种形状的立体花坛。不同的花色和绿叶的绿色除了可以组成造型上的各种色块，还可以拼出各种字样呢。

四季海棠的叶和花都很精巧

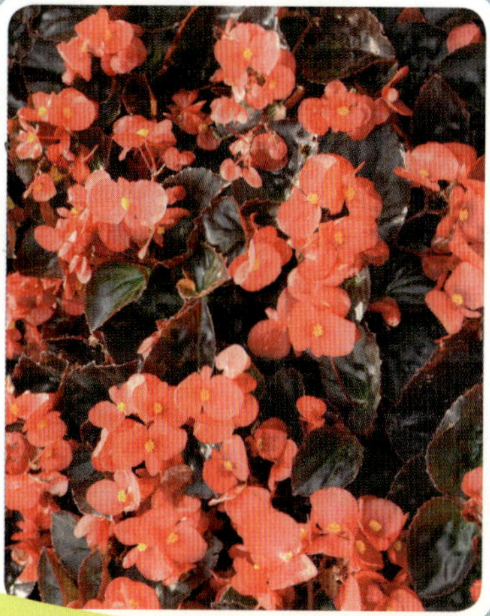

长期栽培使四季海棠有了丰富的花色和叶色

qiān qū cài

千屈菜

【别名】水柳
【学名】*Lythrum salicaria*
【家族】千屈菜科
【株高】高0.3~1米
【分布】北半球广布，世界广泛栽培
【花期】花果期5—9月

千屈菜喜欢生在水中

千屈菜的叶片像柳叶一样细长

千屈菜是千屈菜科这个大家族的“族长”，族中不仅有紫薇、石榴这样的著名观赏植物，还有菱角这样的更适合水生环境的植物

千屈菜这个古怪的名字，出自明代初年一部叫《救荒本草》的书。这部书的主编是一位王爷，明太祖朱元璋的第五个儿子、封为周王的朱橚（sù）。这位衣食无忧的王爷，编写这本书的目的，是为了百姓。在古代，农业生产力低下，黄河流域水患频频，饥荒经常发生。《救荒本草》是教会民众在饥荒发生时，什么样的野菜可以采食，不会误食中毒。在中国植物学史上，它是和李时珍《本草纲目》齐名的杰作。

《救荒本草》中很多植物的名字来自民间，“千屈菜”也不例外。有现代学者怀疑它本来叫“茜苣菜”，是说它可以像苦苣菜（一种常见野菜）一样食用，但花的颜色是粉红色，又像一种叫茜草的染料植物染出来的颜色。只不过，当年周王派出的人没有详细考证，只是随便找了两个同音字把这个名字记录下来，结果就成了“千屈菜”这个匪夷所思的怪名。

千屈菜的叶形像柳叶一样狭长，喜欢生在水里，所以它又有别名“水柳”。浅水环境受气候的影响相对较小，所以很多水生植物在全世界都有非常广泛的野生分布，无论热带还是温带的水塘，都能茁壮生长。同样，它们也很容易被驯化成园艺植物，栽培在各种水生景观之中。

千屈菜的花瓣有点发皱，这是千屈菜科的特征之一

千屈菜的花穗上同时会有很多花开放

千屈菜常常在水边成列种植

shān táo cǎo

山桃草

【别名】飞鸟花
【学名】*Oenothera lindheimeri*
【家族】柳叶菜科
【株高】高0.6~1米
【分布】原产美国南部，中国常见栽培
【花期】花期5—8月，果期8—9月

山桃草开花时飞扬的花瓣，很像振翅高飞的飞鸟

山桃草是原产美国的植物。“山桃草”这个名字是日本人取的，因为它的花是粉红色的，像是桃花的颜色。作为一种观赏植物，山桃草引入中国的时间并不短，知道的人却不算多。最近十几年来，它的一些品种又得到了新一波引种。这一回，中国的花商嫌“山桃草”这个名字不够响亮，便改头换面，为它起名“飞鸟花”，形容它的花像一只只的飞鸟。

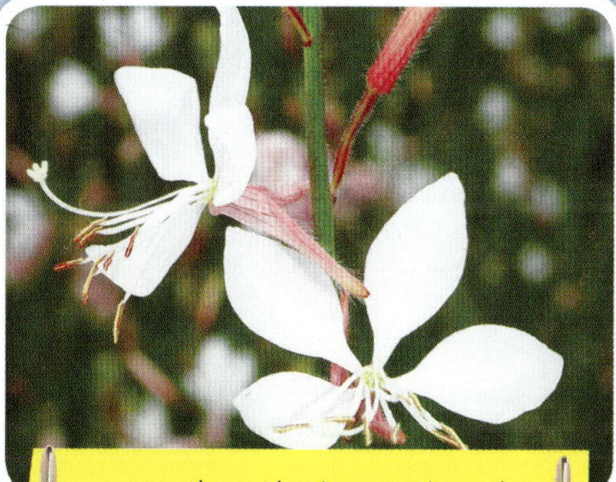

山桃草的花形有点像飞鸟

山桃草的花确实有点像鸟。它的4个花瓣偏向一侧，像鸟的翅膀一样舒展，而雄蕊和雌蕊则并拢在一起，长长地伸向另一侧，像是鸟的脖子和长喙。不过，比起它的花来，更有趣的是它的花序。

每天，山桃草的花穗上只有两三朵花正在开放

山桃草的花在长长的梗上排成穗状。每天拂晓时分，穗上都会有几朵正在开放的花。在这几朵花下方的，是前一天开过，此时已经凋谢的花，这些花正准备发育成果实。而在它们上方的，则是明天即将开放的花蕾。一天又一天，它的花就沿着这枝花穗从下向上顺次开放，仿佛是一根从下往上逐渐燃烧的烟花棒。

粉红色和白色的山桃草品种常常混植在一起

山桃草的花并不都是粉红色，也有白色、粉红色的品种。在分类学上，山桃草和它的姐妹过去归于一个叫“山桃草属”的小家族，但现在植物学家已经把这个家族并入了另一个“月见草属”家族。我们下面马上要介绍的美丽月见草，也属于这个家族。

měi lì yuè jiàn cǎo

美丽月见草

【别名】无
【学名】*Oenothera speciosa*
【家族】柳叶菜科
【株高】高 0.3~0.5 米
【分布】原产美国和墨西哥北部，中国常见栽培
【花期】花期 4—11 月，果期 9—12 月

美丽月见草的花喜欢迎着太阳开放

月见草傍晚开花，花是浅黄色的

美丽月见草4枚粉红色的大花瓣围出一个浅浅的小碗，花瓣上一丝丝深色的细纹让它美得与众不同。美丽月见草还是一种耐旱植物，喜欢充足的光照。在炎热的夏天，很多植物都没有力气再开花，有的观赏植物因为缺水，就连叶子都会萎蔫下垂。然而，美丽月见草的花却朝向毒辣的太阳不知疲倦地开着，毫不畏惧。

这样一种白天开花的植物，为何却叫“月见草”呢？原来，它所在的月见草属小家族中，真的有不少种类选择在晚上开花，其中最有名的就是月见草。月见草的花在傍晚初开，整夜绽放，到清晨的时候凋谢，像钟表一样准时。

像月见草这样夜晚开放的浅色花，主要吸引夜行性的蛾类传粉；而像美丽月见草这样白天开放的有条纹的花，则主要吸引白天活动的蜂类传粉。所以很多时候，只要留意一下花朵的开放时间和颜色，就可以大致猜出是哪种昆虫在给它们传粉。

很多人知道月见草，可能不是因为它的花，而是因为它的油。月见草的种子富含油脂，为种子萌发提供了浓缩的高能量。把这些种子拿来压榨，就可以得到月见草油。月见草油可以食用，也可以用来调配化妆品。很多商家会宣传它有这样那样的神奇效果，但从科学上来说并不可靠。

花瓣上有颜色略深的条纹

夜晚开花的月见草的花瓣上没有条纹

美丽月见草的花像粉红色的小碗

màn cháng chūn huā

蔓长春花

【别名】无
【学名】*Vinca major*
【家族】夹竹桃科
【株高】蔓性半灌木
【分布】原产欧洲，世界广泛栽培
【花期】花期3—4月，果期5—6月

像风车一样扭转的花型是夹竹桃科的特征

长春花既是观赏植物又是药用植物

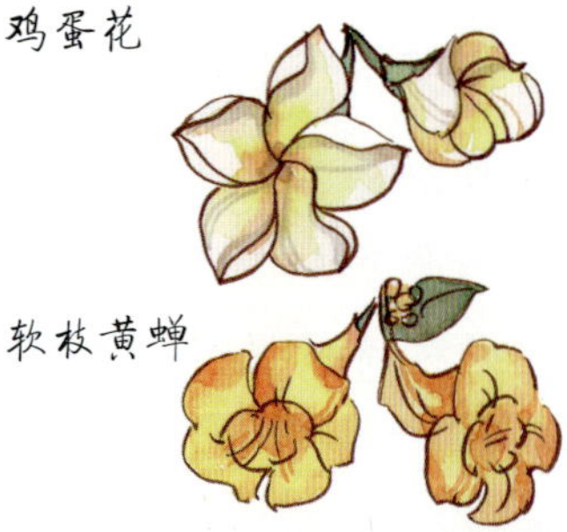

热带地区常见的夹竹桃科花卉

蔓长春花的花，略有一点扭转

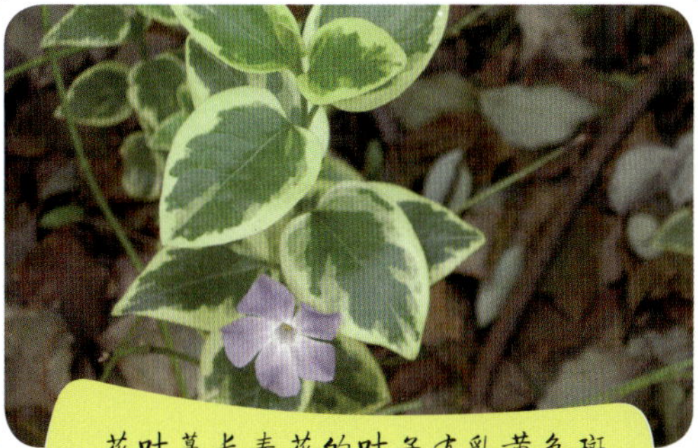

花叶蔓长春花的叶子有乳黄色斑纹

蔓长春花是优良的地被植物。它柔软的枝叶在地上蔓延，可以给地面盖上一层柔软的绿毯。如果把蔓长春花种在坡上或墙头，它的枝叶会密密地下垂，像是一道绿帘。

蔓长春花是夹竹桃科这个大家族的一员。夹竹桃科是一个很有特色的家族。比如，掐断蔓长春花的茎叶，你会看到有浓白色的乳汁从断口渗出、滴下。这种乳汁就是夹竹桃科的特征之一，它具有驱虫效果，是用来防御害虫侵害的化学武器。

每年早春，蔓长春花会开出紫色的花。仔细看这花，会发现它有点扭转，像是风车一样。这种旋转形的花，也是夹竹桃科的特征之一。蔓长春花除了有叶子全绿色的品种，还有叶子带白色条纹和斑块的花叶品种，栽培也非常广泛。

夹竹桃科这个大家族主要分布在热带地区。不过，也有一些品种从热带地区向北移居到了较为寒冷的温带，原产欧洲的蔓长春花和夹竹桃就是夹竹桃科里的另类。在我国华南地区，可以轻松地在路边和公园里找到许多夹竹桃科的花卉。

比如有一种长春花，原产非洲热带地区，终年花果不断；因为它比较矮小，在温带地区也常常盆栽，夏天可以拿到户外，到了冬天再拿回室内养护。长春花除了可供观赏，还是一种药用植物。它的乳汁中含有生物碱，具有抗癌效果，已经得到了广泛的临床应用。

yuán yè qiān niú

圆叶牵牛

【别名】喇叭花
【学名】*Pharbitis purpurea*
【家族】旋花科
【株高】缠绕草本
【分布】原产墨西哥和中美洲，世界广泛栽培，常见逸生
【花期】花果期7—11月

每天清晨圆叶牵牛开放，中午凋谢，让观花之人多了一份期盼

圆叶牵牛会顺着墙攀爬，形成一面花墙

圆叶牵牛原产墨西哥和中美洲，但在世界很多地方都已经成为杂草。然而，和很多杂草不同，圆叶牵牛有硕大的喇叭形花，是一种美丽的花卉。

圆叶牵牛的叶子是饱满的心形

圆叶牵牛的种子需要20℃以上的温度才能萌发。所以在江南地区，如果不进行人工处理的话，春天是很难见到圆叶牵牛的。但到了夏天，蛰伏在土壤里的圆叶牵牛种子就纷纷萌发了。出土之后，圆叶牵牛会长出两枚可爱的蝴蝶形“叶子”，这不是真正的叶，而是先前已经藏在种子里的子叶。在这两枚子叶中间会抽出缠绕性的茎，茎上再长出心形的真叶。

金黄色叶子的番薯是近年来新兴的地被植物

圆叶牵牛的花属这三种颜色最常见：紫红色、蓝紫色和白色。紫红色和蓝紫色的花含有不同的色素；如果花失去了合成色素的能力，那就成了白色花。紫红色的花还有个有趣的特点——如果你把它在水中揉碎，让色素溶解到水里，再从厨房里拿点纯碱，也溶到水里，或是准备点肥皂水兑进去，那么这些碱性的溶液会让原本紫红色的花变成蓝色。原来，花中那种紫红色的色素在酸性和碱性条件下会呈现不同颜色，是天然的“酸碱指示剂”。

圆叶牵牛的子叶呈可爱的蝴蝶形

圆叶牵牛属于番薯属。番薯属包括很多观赏植物和杂草，也包括一种著名的粮食作物——番薯。番薯好吃，花也非常漂亮，特别是叶子金黄色的番薯品种就是一种很不错的地被植物。

cóng shēng fú lù kǎo

丛生福禄考

【别名】针叶天蓝绣球、芝樱
【学名】*Phlox subulata*
【家族】花荵科
【株高】高0.1~0.2米
【分布】原产美国中东部，世界广泛栽培
【花期】花期3—5月，果期5—6月

成片种植的丛生福禄考可以形成壮观的花海

福禄考的花瓣顶端有凹缺，像樱花一样

锥花福禄考也叫天蓝绣球，是丛生福禄考的近亲，它的植株更高大，花也大得多

丛生福禄考的花色也很像樱花

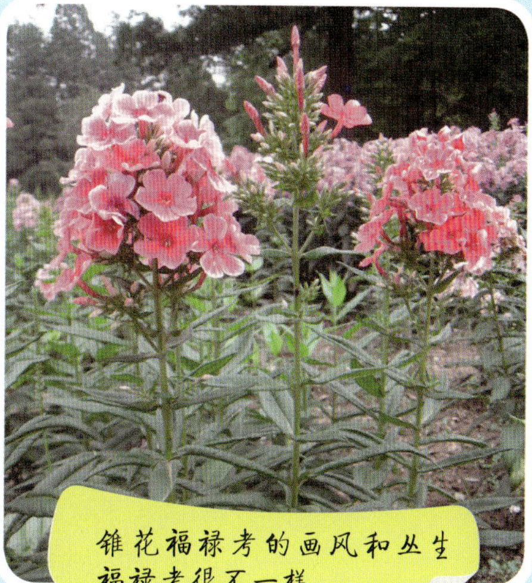

锥花福禄考的画风和丛生福禄考很不一样

丛生福禄考这个名字是它的学名中第一个词“phlox”的音译。那位不知名的译者刻意选择了“福”“禄”“考”这三个既谐音又有意义的字。“考”在古代有“长寿”的意思，而福、禄、寿正好是中国民间崇拜的三位能给人带来吉运的神仙。不过，也有人不喜欢“福禄考”这个名字，管它叫“针叶天蓝绣球”。

名字的分歧，并不会影响这种花的美貌。尽管单独一棵丛生福禄考生得十分矮小，看上去不甚起眼，但是成千上万棵丛生福禄考聚在一起，却能显出集体的力量，形成一片壮丽的粉红色花海。所以在日本，这种花又有一个简短的汉字名——芝樱。“芝”在日语里是“草坪”的意思；“樱”则是说它的花多为粉红色，花瓣顶端又常有凹缺，很像樱花。

日本人很喜欢丛生福禄考，很多地方都有大片丛生福禄考种植，最著名的观赏地点是北海道。如今，中国有不少公园也开始铺设丛生福禄考，希望可以复制日本那种令人惊叹的美景。不过，这可不是一件轻松的工作，需要园艺师发挥巧手和耐心，才能保证每一小片的丛生福禄考都能茁壮生长、顺利开花。

měi nǚ yīng

美女樱

【别名】无
【学名】*Glandularia × hybrida*
【家族】马鞭草科
【株高】高0.4米
【分布】园艺杂交品种，世界广泛栽培
【花期】花果期5—10月

富贵樱（瓜叶菊）

秋樱（秋英

日语里带“樱”字的植物

“美女樱”这个名字和“芝樱”一样，都是日本人起的汉字名。之所以叫“樱”，是因为它的花大多是粉红色的，花瓣顶端还像樱花一样，有个缺口。樱花简直可以说是日本的“国花”，它在日本文化中的地位太重要了，所以才会有那么多植物的日本名都叫“樱”。这就像梅花是中国名花，也曾是中国国花的热门候选，所以也有很多植物中文名都带“梅”字一样。比如五色梅(马缨丹)，是热带地区常见的一种观赏花卉，也是一种恶性入侵植物，它倒是美女樱的近亲。

美女樱是一个身世复杂的园艺杂交品种。一般认为，它有两个最主要的祖先：一个是原产南美洲的福禄考美女樱，另一个是原产北美洲的加拿大美女樱。这两种植物相隔万里，原本不会有见面的机会，但经过人类的引种栽培，它们彼此之间却擦出了“爱情的火花”。

美女樱是低矮的草本植物，枝条在地上匍匐，节上会长根，这是它无性繁殖的手段。美女樱是多年生植物，但还是耐不住江南地区的寒冬，会被呼啸而来的寒潮冻死。好在它栽培当年就可以开花，所以人们就把它当成一年生植物来种植。

在美洲，美女樱还有几十位野生姐妹，其中也有不少种类已经被开发成园艺花卉。在公园里，有时能见到一些花较小、叶子裂成细条的植株，就是原产北美洲的羽裂美女樱。

美女樱的叶子呈长圆形，花有点像樱花

美女樱的不同品种有不同的花色

羽裂美女樱的叶子裂成较细的条形，也常见栽培

ǎi qiān niú

矮牵牛

【别名】碧冬茄
【学名】*Petunia × atkinsiana*
【家族】茄科
【株高】高 0.25~0.5 米
【分布】园艺杂交品种，世界广泛栽培
【花期】花期 6—8 月，未见结实

矮牵牛的花形像牵牛花

矮牵牛一朵花上开出两种颜色

基因沉默 纯色矮牵牛

基因“工作狂” 双色矮牵牛

矮牵牛的花是喇叭形，像牵牛花，但不是藤本植物，而是矮小的草本，所以叫“矮牵牛”。不过，它和牵牛花的关系挺远，牵牛花属于旋花科家族，矮牵牛却属于茄科家族，和茄子、番茄、马铃薯、辣椒是近亲。它有个常见的别名“碧冬茄”，这个“茄”字就来自它的家族名称。

矮牵牛是一个园艺杂交种，有两个主要的祖先种，一个花紫色，一个花白色，都产自美洲。经过杂交育种之后，矮牵牛的花色越来越多，除了粉红色，还有紫色、红色、白色等，甚至一朵花上还能开出两种颜色。

有趣的是，双色矮牵牛背后还隐藏了一个重要的生物学现象，这就是“基因沉默”。矮牵牛的花里面有一些基因，可以发号施令，指使花细胞合成花色素。通常情况下，这些基因的工作中规中矩，不算特别卖力，但足以让矮牵牛合成出足够的花色素，让花带上美丽的颜色。然而，有的品种花里面的基因实在是个工作狂，发出了太多制造花色素的指令，结果弄巧成拙，反而引起了手下的反抗和罢工，让花瓣上有大片区域都没有花色素，呈现出纯白色，于是就出现了白色和其他颜色相间的双色纹样。

舞春花是矮牵牛的近亲，也是来自美洲的茄科花卉，同样也有很多品种。它的花虽然不大，数量却极多。如果把开不同颜色花的植株种在一起，可以形成五彩缤纷的景观，美丽极了。

máo dì huáng

毛地黄

【别名】洋地黄
【学名】*Digitalis purpurea*
【家族】车前科
【株高】高 0.6~1.2 米
【分布】原产欧洲，中国常见栽培
【花期】花期 5—6 月，果期 6—7 月

经过栽培后，毛地黄有了丰富的花色

竖直的花序能够为园林景观增添竖线条

毛地黄和洋地黄的花形有一点相似，者又都是药用植物，然而，它们却属不同的家族

毛地黄的花冠筒内部下方有很多斑点

毛地黄的叶子挺大

毛地黄也叫洋地黄，“洋”字是说它原产欧洲。欧洲人发现它的筒形花冠刚好可以塞进一个手指，所以毛地黄在西方的名字往往和手指、手套有关。比如在英语中，毛地黄最常用的名字就是“foxglove（狐狸手套）”，这名字瞬间就能把人带进童话世界：妖精把毛地黄的花朵送给狐狸，狐狸穿上它，穿梭在毛地黄花丛间捕猎就不会发出响声了。

毛地黄的叶子中含有几种有毒物质，大量服用会导致心律失常，严重的会造成死亡。因此，毛地黄是一种需要避免入口的有毒植物。不过，要是严格控制有毒物质的用量，保持在低剂量，它们就变成了很好的药物，可以增强心肌的收缩能力，促进血液循环，所以在医学上叫“强心药”。

野生的毛地黄是森林中的隐忍者。在阴暗的森林中，毛地黄的种子静静地在地下蛰伏。如果有一天，一棵曾经阻挡阳光的大树轰然倒下，树冠层开了“天窗”，阳光便会照射下来。毛地黄的种子得到这个宝贵机会，马上苏醒过来，开始萌发、开花、结实。几年之后，当周围的小树苗长大，用交叠的枝叶把“天窗”重新补好后，毛地黄便又蛰伏地下，等着下一次沐浴阳光的机会。

qiū yīng

秋英

【别名】秋樱、大波斯菊、波斯菊
【学名】*Cosmos bipinnatus*
【家族】菊科
【株高】高 1~2 米
【分布】原产墨西哥，世界广泛栽培，常有逸生
【花期】花果期 6—10 月

格桑花不是某一种花的特指，而是很多好看的花的统称，这些花在西藏都是“格桑花”

秋英这个中文名，是日本人起的汉字名“秋樱”的谐音。“秋樱”是说它的粉红花色有点像樱花，但在秋天开花。秋英的另一个别名“大波斯菊”也来自日文，是说它的花和“波斯菊”（两色金鸡菊的日文名）有点像，但要更大一些。后来，有人无意省略了“大”字，结果“波斯菊”在中文中也成了这种花的别名。

秋英原产墨西哥，是在北美洲演化出来的一种生命力十分顽强的植物。当它被引种到中国之后，从花园中逃逸出来，成了一种可以自行在野外繁殖的入侵植物。不过在各种入侵植物中，秋英算是名声比较好的。特别是西藏和四川西部的野生秋英，甚至还成了“格桑花”（藏语“幸福花”的意思）的一种呢。

秋英有个兄弟叫黄秋英，也叫“硫磺菊”，花形和秋英很像，只是颜色多为深黄色。秋英和黄秋英的花期主要都在秋季，是公园里常见的秋季花卉。

大丽花的原产地也是墨西哥，“大丽”是个双关语，既是学名“dahlia”的音译，又表达了这种花大而美丽的特征。有趣的是，当年欧洲人引种大丽花，本来是考虑拿它来吃的，因为墨西哥的原住民一直就有食用大丽花块根的传统。然而，最终大丽花并没有成为欧洲人餐桌上的一道新菜，却成了花园里的新宠。

秋英的“花瓣”多为8枚，叶片裂得很细，易于辨认

黄秋英很像秋英，但花是橙黄色的

大丽花有很多重瓣品种

mài dōng

麦冬

【别名】麦门冬
【学名】*Ophiopogon japonicus*
【家族】天门冬科
【株高】叶基生
【分布】产于中国东南部广大地区和日本、越南等国
【花期】花期6—7月，果期7—8月

山麦冬的叶子很窄，还不到1厘米宽

麦冬的花穗明显短于叶，开花时花瓣几乎不展开

山麦冬和阔叶山麦冬

麦冬的蓝色种子很漂亮

山麦冬有高高瘦瘦的花序

阔叶山麦冬的叶子宽达2厘米

麦冬的叶子细细长长，像是韭菜，也像是麦叶。它名字中的“麦”字就是这么来的。麦冬有横走的地下茎，茎节上可以生芽，冒出地面长成新的叶丛，这是它进行无性繁殖的方法。也正因为如此，麦冬是优良的地被植物，可以铺设成绿意盎然的草坪。因为麦冬是常绿植物，叶子到冬天也不凋落，所以麦冬草坪在冬天还能保持绿色。不过，麦冬不耐践踏，用它做的草坪好看却禁不起踩踏。

在麦冬成为重要的园艺植物之前，它是著名的药材植物，本名叫“麦门冬”，后来简化为麦冬。正好，还有另一种植物叫“天门冬”，以前是药材，现在同样是园艺植物。这两位叫“门冬”的兄弟虽然相貌差异挺大，但还真是远亲，在植物学上同属于天门冬科这个大家族。

麦冬的花期在夏季。它开花的时候很羞涩，把短短的花序藏在叶丛中。到了初秋，又把一串晶莹剔透的蓝色小球藏在叶丛中，需要你拨开叶子才能看到。这些蓝莹莹的小球常被误认为是果实，其实是种子。麦冬的果实在还很幼小的时候就开裂了，种子就这样敞开在空中，慢慢长大，变蓝。

在路边和公园里，也常常能见到一些叶子像麦冬的植物，夏天骄傲地挺着高大的花穗，秋天又得意地挺着高大的果穗。它们不是麦冬，而是麦冬的近亲——山麦冬和阔叶山麦冬，也都是常见的草坪草。

冬日枯树卡片架

制作步骤

你可以使用这些材料：芦苇、杨树枯叶、稻草、剪刀、橡皮筋。

❶ 将已经脆化的杨树枯叶轻轻搓碎，剩下叶柄和粗叶脉。

❷ 将10枝整理干净的杨树叶柄，用橡皮筋捆扎形成一棵枯树，制作两棵枯树。

❸ 用剪刀修剪芦苇秆，共需要准备30厘米长芦苇秆56根，25厘米长16根。

❹ 取28根30厘米的芦苇秆，握成一根长轴，将一棵"冬日枯树"如图放置。

❺ 将"冬日枯树"转到左边，用8根25厘米的芦苇秆将长轴中的空隙部分填充完整后用橡皮筋固定。

用裁剪多余的芦苇杆短轴中空部分填充完，用剪刀裁切整齐，用橡皮筋固定。

❼ 取剩余的28根30厘米长的芦苇杆，依上述步骤完成第二个长轴。

❽ 取一根长轴，用稻草在距离端口10厘米处开始捆扎，最后将线头插入缠绕的线圈拉紧。

将一个长轴的右端压在另外一个长轴的左端，重叠交错10厘米，为更好地固定，可以在两个长轴相接的空隙部分插入一些短的芦苇杆，最后用稻草进行缠绕。

这样做可以让你的作品更漂亮：

本手工中使用的稻草来自捆绑大闸蟹所得，不起眼的“垃圾”也有美丽的用途。

líng xiāo
凌 霄

【别名】紫葳、苕华
【学名】*Campsis grandiflora*
【家族】紫葳科
【株高】攀援藤本
【分布】河北以南均有野生，中国常见栽培
【花期】花期6—8月，果期11月

凌霄的茎能像壁虎一样抓住墙壁

凌霄的叶子由多数小叶组成

凌霄擅长借力，能攀爬到高高的房檐、屋顶

凌霄的花萼裂至全长的一半，裂片狭长

厚萼凌霄的果实，长长的豆荚

凌霄是一个很威武的名字，形容这种木质藤本植物可以攀缘到很高的地方，展开硕大的叶子，在你的头顶开出美丽的橙黄色喇叭形花朵，仿佛一直要爬到云霄里去似的。凌霄的叶子不是完整的一片，而是分隔成大约 9 枚小叶，除 1 枚生于叶轴顶端之外，其他的小叶则排列在叶轴两侧。这个特征，让它在不开花的时候也易于识别。

凌霄也是中国人最早记录在典籍里的植物之一。《诗经 · 小雅》中有一首诗叫《苕之华》，里面提到的植物“苕”（tiáo）就是凌霄，所以凌霄也叫“苕华”。然而，这首诗却是极为惨痛的悲歌。诗人正经历着可怕的饥荒，看到凌霄繁茂的花叶，想到很多人吃不上饭，不禁吟出了“知我如此，不如无生”（知道我现在这个样子，不如没有生在人间）这样震撼人心的诗句。

唐宋诗人的笔下也常出现凌霄。然而这些诗人一面欣赏着它的花朵，一面却对它施加刻薄的批评。无论唐代大诗人白居易，还是北宋诗人梅尧臣，都在嘲讽凌霄必须攀附树木才能生长，是趋炎附势之徒。一旦它所依赖的树木被人砍倒，或是被风霜摧毁，这自以为高明的藤蔓也只能倒在地上，再也没有趾高气扬的姿态了。直到现在，著名现代诗人舒婷在《致橡树》中，仍然延续了这种对凌霄的成见，要人们别像它那样攀在橡树（栎树的通称）的高枝上，借此炫耀自己。

这真是一种被中国古今诗人伤害太深的美丽花朵。

yù jīn xiāng

郁金香

【别名】无
【学名】*Tulipa × gesneriana*
【家族】百合科
【株高】叶基生
【分布】园艺杂交品种，世界广泛栽培
【花期】花期4—5月，未见结实

1637年，一株“永远的奥古斯都”品种郁金香价值是荷兰人年平均收入的45倍，可以换下坐落在阿姆斯特丹的一栋豪宅

郁金香的花朵是杯状的，通常有6片花瓣

紫色郁金香有一种神秘的美感

有些郁金香的花瓣基部有黑色斑块

和大花美人蕉一样，郁金香也不是野生植物，而是人们用野生种杂交栽培出来的观赏花卉。尽管人们到16世纪才开始真正培育郁金香，但是几百年来的大量杂交，让人们很难搞清楚它们的“家谱”了。今天，科学家通过研究郁金香细胞中的小小分子，才大致弄清楚，原来它们至少有5个野生祖先。

正因为栽培郁金香是用这么多野生资源育成，它的花色才会变化多端。郁金香不仅有红、橙、黄、粉红、紫等多种色调，还有很多品种的花同时具有几种颜色。考虑到荷兰是郁金香的栽培大国，而橙色可谓荷兰的“国色”，本书把郁金香和凌霄一起归为橙色花卉。

虽说人们常把郁金香和荷兰联系在一起，但荷兰并不是郁金香的起源国。栽培郁金香实际上起源于奥斯曼帝国，大致位于今天的土耳其。然而，荷兰人后来居上，不仅很快成为世界闻名的郁金香之国，而且在历史上曾经搞出过“郁金香泡沫”的闹剧。那是在17世纪，荷兰人疯狂迷恋郁金香，它的价格也越来越高；在炒作最厉害的时候，一株郁金香竟然需要用一栋豪宅的价格才能买下。然而，闹剧总要收场。当虚高的价格终于到了崩溃的一刻，很多妄想靠买卖郁金香发财的人便破了产。

中国大规模种植郁金香只有30多年历史，但它很快就成为人们最喜爱的花卉之一。在上海，位于市中心的大宁灵石公园就是观赏郁金香的好去处，每年春天都会吸引很多游客。

xuān cǎo

萱 草

【别名】忘忧草、谖草
【学名】*Hemerocallis fulva*
【家族】阿福花科
【株高】叶基生
【分布】东亚和印度广泛分布，野生或栽培，世界广泛栽培
【花期】花果期6—8月

萱草有一位近亲叫黄花菜，不过萱草的花可不能吃，人误食可能会中毒

萱草绝对是一种大名鼎鼎的植物。今天，有很多小朋友的名字中带“梓”字或“萱”字，它们都是植物名。梓是梓树，萱就是萱草。萱草的花有6枚大致相同的花被片，并不特别开展，而是组成钟状；里面则有6枚修长的雄蕊，顶端各有1枚细细的花药（含有花粉的结构）。

在古代，萱草也是一个美好的植物名字。古人认为吃下萱草的花可以忘记忧虑，所以萱草又叫“忘忧草”。《诗经》中有一首《伯兮》，是卫国的一位军嫂思念在外打仗的丈夫时写的诗。长久的忧愁，让她忍不住问道：“焉得谖草？言树之背。”意思是说：“去哪里可以找到萱（谖）草？把它种在屋子北面。”也许吃下这些萱草的花，就可以暂时减轻思夫的痛苦了吧。

在古代民居中，靠北的屋子往往是家中主妇的居所，而她在大家庭里是许多子女的母亲。于是，萱草这种要种在“屋子北面”的花卉，慢慢又演变成了母亲的象征，正如香椿树是父亲的象征一样。

如今，萱草已经有了数万个栽培品种，花色也不限于橙红色，既有更深的红色，又有纯黄色。它们点缀在城市的各个地方，向中国的母亲们表达着敬意，让路过的人能够忘忧一笑，也在默默地欢迎着各位叫“萱”的小朋友。

橙红色的萱草花在枝头挺立

有的萱草品种有更浓重的红色花

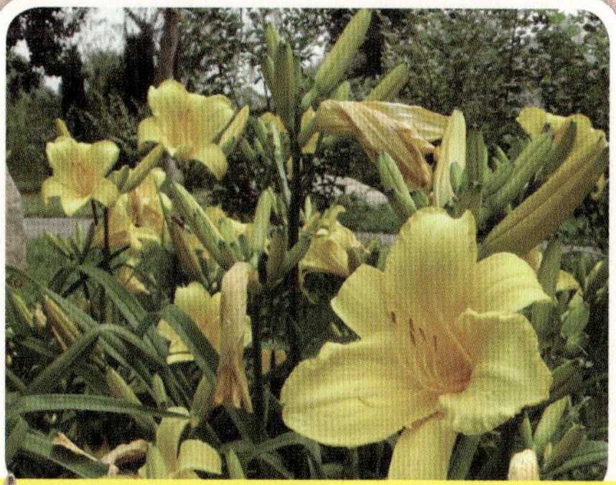

还有的萱草品种花是鲜艳的柠檬黄色

yíng chūn huā

迎春花

【别名】迎春、金腰带
【学名】*Jasminum nudiflorum*
【家族】木樨科
【株高】高0.5~3米
【分布】原产中国西部，中国和世界广泛栽培
【花期】花期3—5月，稀见结实

迎春花的枝条柔软下垂

迎春花是在早春开放的花，正如它的名字"迎春"。它开花的时候还没有长叶，长叶时花朵已经开始凋谢。这种先叶开花的习性，是很多早春开花植物的共同特征。

早在唐代，迎春花就已经成为常见栽培花卉了。诗人们都在诗中赞赏它不在春意最浓的时节和姹紫嫣红的群芳争艳，而是独自在寒风料峭的早春盛开，与傲立的松竹为伴。大诗人白居易还特地让朋友告诉游人，千万不要把这种美丽的花朵误当成蔓菁（一种有点像萝卜的蔬菜）的花。

迎春花开花的时候还没有叶子

迎春花的枝条可以像瀑布一样垂下来

很多人分不清迎春花和另一种早春开花的植物——连翘（qiáo）。的确，它们的花都是黄色的，刚开花的时候都没有叶。但是，它们的区别也很明显：迎春花会裂成 5 ~ 7 个"花瓣"，通常是 6 个，而连翘花几乎总是恒定地裂成 4 个"花瓣"；迎春花通常是低矮的小灌木，枝条柔软下垂，常种在高于地面的花坛里或是假山上，连翘则是比较高大的灌木，形成宽阔的树丛。当然，它们的叶形也不一样。

迎春（左）与连翘（中）、云南黄素馨（右）的区别

比连翘更像迎春花的，是和它亲缘关系很近的另一种蔓生的小灌木——野迎春，也叫"云南黄素馨"。野迎春的花和叶子都比迎春花要大得多，特别是叶子，几乎是迎春花的两倍大。更重要的是，野迎春是常绿植物，一年四季都有叶子。因为这种常绿习性，野迎春只能在中国南方栽培，到了北方就会受冻而死。

jú

菊

【别名】菊花、黄花
【学名】*Chrysanthemum × morifolium*
【家族】菊科
【株高】高 0.6~1.5 米
【分布】起源于中国的园艺杂交品种，中国和世界广泛栽培
【花期】花期 9—10 月

小野菊在人类的改造下，成为花色多样的著名花卉

菊花是中国人培育的世界级名花，它的诞生，是园艺史上的奇迹之一。

菊花的祖先是中国华中地区野生的几种菊属野花。它们的花序很小，也只有黄色。野菊就是其中一种，它生命力顽强，在城市里也时有见到。

大约在东晋时期，中国人已经有意识地把野菊花当成花卉来欣赏。东晋诗人陶渊明就写过“采菊东篱下，悠然见南山”的千古名句。随着菊花文化的不断流行，到唐代，已经出现了包括白色菊花在内的不少品种。唐代以后，又有其他一些野生种融入培育栽培菊花的过程中。菊花的品种越来越多，颜色越来越丰富，形态越来越多变，大花品种的花序也越来越大。

如今，光是中国人自己培育的菊花品种，就有几千个。不仅如此，菊花还从中国传到了日本和西方国家，出现了更多品种，不少国家都对它特别偏爱，比如日本人就特别崇尚菊花，日本皇室的徽章就是菊花的纹章。尽管如此，黄色的菊花，仍然是最经典的观赏菊花品种，而它的花期大多在秋季气候寒冷之后。菊花傲寒独立，宁在枝头上枯萎也不凋落，已经成了中国文化中的经典形象，成为士人风骨的象征。它和梅、兰、竹并称“花中四君子”。

不少培育出的菊花品种在花色和花形上都和野菊有很大差异

每年秋天，各地的菊展中，菊花被组合成各种造型

深秋，菊花凋谢之后，路边、公园的树荫下，常见另一种黄色的大“菊花”在盛开，这是大吴风草，也是原产东亚的菊科花卉

wàn shòu jú

万寿菊

【别名】臭芙蓉
【学名】*Tagetes erecta*
【家族】菊科
【株高】高0.5~1米
【分布】原产墨西哥，中国广泛栽培
【花期】花期7—10月，稀见结实

孔雀草也叫红黄草，它的花比万寿菊略小，金黄色，上面有红色斑，也是一种常见栽培的观赏草花

万寿菊原产墨西哥，在清朝时传入中国。它在盛夏开始开花，花期很长，可以持续两三个月，一直开到秋季重阳节前后；而重阳节是老年人的节日，所以也有人把它和重阳节联系起来，使它成为一种很应景的花卉。这大概就是“万寿菊”一名的由来。不过，万寿菊其实是一年生植物，春天播种发芽，夏天开花，秋天结实之后就枯死了。这短暂的生命，恰恰和“万寿菊”一名形成了鲜明对比。

万寿菊的叶子裂得很深，有点像两面都有齿的梳子

万寿菊的茎叶，揉碎了有一种独特的味道，也许有人觉得很香，但多数人会觉得这气味很古怪。因此它也有了一个别名“臭芙蓉”。其实不光是万寿菊，它所在的菊科大家族中还有很多植物的茎叶也有怪味。这些气味来自挥发油成分，能够避免昆虫啃食，是它们的一种“化学武器”。

万寿菊的花序梗在靠近花序的地方突然膨大

万寿菊的花富含叶黄素，正是这种色素让万寿菊的花呈现黄色和橙色。叶黄素也是让落叶变得枯黄的原因之一。叶黄素是无毒的天然色素，很适合用来给食物染色。所以，很多大面积种植的万寿菊，并不是为了摆到街头供人观赏，而是被用来收获花朵，提取叶黄素。

丰富的叶黄素使万寿菊的花瓣呈现黄色

jīn zhǎn huā

金盏花

【别名】金盏菊
【学名】*Calendula officinalis*
【家族】菊科
【株高】高0.3~0.6米
【分布】可能原产南欧，中国和世界广泛栽培
【花期】花果期4—9月

金盏花的“花心”和“花瓣”颜色相同，整个花序只有一种颜色——黄色

金盏花是一些化妆品的配方之一

大花金鸡菊　硫磺菊

它们的“花心”和“花瓣”颜色也相同

重瓣品种的金盏菊看上去更华丽

金盏菊的种子

金盏花和万寿菊有点像。它们都是一年生花卉，花都是黄色到橙色，都是布置花坛的常用植物。不过，金盏花不是来自美洲，而是来自欧洲。它的叶子形状也和万寿菊不一样，边缘总是“皱巴巴”的。

西方人很早就利用金盏花了，最早它的茎叶和花被当成蔬菜食用。不过，它的茎叶并不好吃，所以现在已经没有人再吃了。它的花倒是还继续出现在西餐的餐盘里，作为配餐，给菜肴增添独特的色泽。除了出现在餐桌上，金盏花的花在西方曾经用来入药，现在也还是一些化妆品中的成分之一。

大花金鸡菊原产北美洲东部，是多年生植物。也就是说，就算到了冬天，它的植株地上部分已经枯萎，地下部分还仍然活着，到第二年春天又可以萌发新枝，所以用不着年年播种。它的“花瓣”顶端参差不齐，让整朵“花”带上了一种粗犷不羁的风姿。

黄秋英也叫硫磺菊。“硫磺”是形容它的花色为金黄色，像是一种叫硫磺的矿物。比起大花金鸡菊来，它的“花”就斯文多了，几乎都是8枚“花瓣”，而且花瓣顶端的齿状边缘也比较整齐。黄秋英很适合成片种植，在秋天可以形成非常壮观的黄色花海。

huáng jīn jú

黄金菊

【别名】罗马春黄菊
【学名】*Euryops chrysanthemoides × speciosissimus*
【家族】菊科
【株高】高达1米
【分布】原产南非，中国有栽培
【花期】花期5—12月

开在路边的黄金菊为道路镶上一条金边

开花时散发出清爽的香气

勋章菊酷似勋章

好看的植物 花黄色

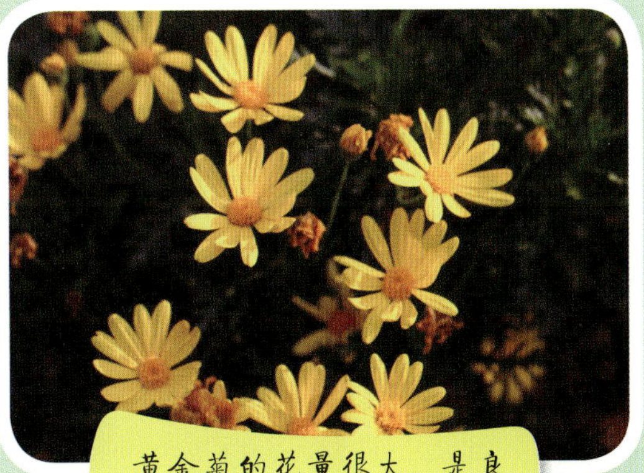

黄金菊的花量很大，是良好的观赏植物

南非，是植物学家眼中一个神奇的地方。在这处位于非洲大陆最南角的地带，竟然分布着9000多种植物，其中有70%的种类是这片土地所独有的。在这些植物中，不乏奇花异草。它们中的很多都被欧洲人带回欧洲，培育成美丽的花卉。黄金菊就是人工培育的南非花卉后裔。

黄金菊是一个叫“黄蓉菊属”的植物小家族中的一员。这个家族的植物的花是黄色的，叶子的形状有点像别名臭芙蓉的万寿菊，于是植物学家就借了臭芙蓉的名字，把“黄”和“蓉”合在一起，给了它。正好，“黄蓉”也是金庸武侠小说《射雕英雄传》中的女主人公名字，让人过目难忘。

黄金菊是常绿植物，叶子终年不凋。它的花期很长，从夏天可以一直开到深秋。如果照顾得精心，它的花朵也能耐得住冬天的寒风。正因为黄金菊比较耐寒，它在长江流域可以露天栽培，因此成为一种能够在中国南方推广的观赏花卉。

勋章菊也是来自南非的菊科植物。它的个子比较低矮，在地上匍匐生长。野生植株的花大部分也是黄色，但是经过园艺家的精心培育之后，便有了红、紫、白等各种颜色。其中，让人印象最深的是黄色的“花瓣”中央有深红色条纹的品种，这些放射状的条纹让花朵看上去华丽辉煌，像是授予英雄的勋章，“勋章菊”这个名字就是这么来的。

liǎng sè jīn jī jú

两色金鸡菊

【别名】天山雪菊
【学名】*Coreopsis tinctoria*
【家族】菊科
【株高】高 0.3~0.9 米
【分布】原产北美洲，中国有栽培，并有逸
【花期】花果期 5—10 月

茎很直，高高地站立起来

两色金鸡菊的红色和黄色界限分明

不少花朵在可见光和紫外线照射下的样子都会不同，左图是紫薇在自然光下的样子，右图是在紫外光下

红色斑块让蜂类知道这些花花蜜丰富，应该赶快去采蜜了

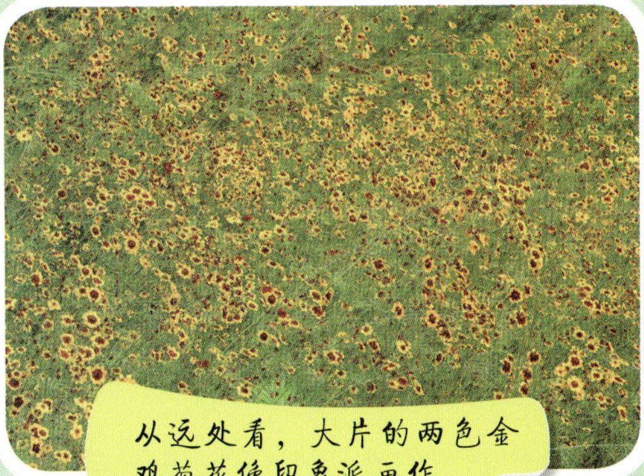

从远处看，大片的两色金鸡菊花像印象派画作

两色金鸡菊是大花金鸡菊的近亲，不过它的花不是纯黄色，在“花瓣”的基部有明显的红色斑块，所以得名“两色金鸡菊”。

两色金鸡菊的花可以用来泡茶。放在热水里，花中的天然色素会慢慢溶入水中，为水染上一抹清亮的红色。这种植物在19世纪末传入中国，后来在新疆等地逸为野生，不需要人类的庇护也能在野外生长。于是，有商人看中了它的经济价值，把它包装成了神秘的“天山雪菊”，它的身价也随之猛涨。

宿根天人菊的花和两色金鸡菊有点像，“花瓣”也是顶端黄色，基部红色。只不过，这红色的部分要比两色金鸡菊大得多，而且在黄色和红色之间常常有模糊的颜色过渡带，不像两色金鸡菊那样分界清晰。

像这样周围黄色、中间为另一种颜色的大“菊花”，北美洲还有很多，其中有不少已经引种到中国。比如黑心金光菊，“花瓣”是黄色，“花心”却是黑紫色，而且还像个松果一样突起，非常醒目。更神奇的是，如果我们能像蜂类一样看到紫外线，会发现在紫外线照射下，原本只有一种颜色的“花瓣”，居然也像两色金鸡菊和宿根天人菊那样出现了大片的深色区域，可以指引蜂类更快捷地找到花蜜。蜂类要比我们人类对花朵更加了解呢。

shuǐ jīn yīng

水金英

【别名】水罂粟
【学名】*Hydrocleys nymphoides*
【家族】泽泻科
【株高】浮水草本
【分布】原产中南美洲，中国常见栽培
【花期】花果期6—10月

三角形叶逐渐被自然选择所淘汰，浮水植物的叶形趋于圆形

水金英是原产中南美洲的水生植物。它的别名“水罂粟”，是英文“water poppy”的直译。相比之下，它的中文名蕴含着更多诗意。“水”字表明它是水生植物；“金”字代表它那黄灿灿的花；而“英”正是花的意思，“落英缤纷”“含英咀华”都是形容花的成语。

水金英学名中的第二个拉丁文单词“nymphoides”意思是“睡莲般的”，这是说它那椭圆形的叶子与温带睡莲的叶子很像。水金英的叶片漂浮在水面上，边缘很平滑，在靠近叶柄的地方还有个小凹陷。

在中国，有一种原产的水生植物叫荇菜，叶片也是浮在水面上，形状比水金英更像温带睡莲，连叶子上那个窄三角形的缺口都惟妙惟肖。但是当它开花时，花的形状却和温带睡莲、水金英都很不一样，说明这三类植物并无密切的亲缘关系。为什么完全不同的植物，叶形如此相似呢？植物学家猜测，这是它们都过着类似的水生生活，叶片漂在水面上。因为圆形受力均匀，可以让叶片平整地漂浮，不会一头高一头低。而平滑的边缘，也让叶片不容易撕裂。相似的生活环境中，经过千万年的演化，大自然便为这些植物选择了最适合生存的叶形。

水金英的叶子有点像温带睡莲

水金英的花从侧面看像个小杯子

荇菜的叶子也像温带睡莲，但花形不同

huáng shuǐ xiān

黄水仙

【别名】洋水仙、喇叭水仙
【学名】*Narcissus pseudonarcissus*
【家族】石蒜科
【株高】叶基生
【分布】原产欧洲西部，中国广泛栽培
【花期】花期3—4月，未见结实

黄水仙的叶子与韭菜、蒜薹有几分相似，却不能食用

要多冻、多晒太阳，水仙才能开花，如果养在光线不足又太温暖的地方，水仙就只会长叶子，不开花

水仙类花卉有几十种，原产地主要在欧洲。在那里，它们很早就被人们认识，千百年来酝酿出许多神话和故事。其中最有名的，是古希腊神话中那耳喀索斯的故事：那耳喀索斯是有名的美少年，但对所有向他示爱的女子都无动于衷，连女神也不例外。被他拒绝的女神萌生恨意，向复仇女神哭诉，要她惩罚这冷酷无情的男子。有一天，那耳喀索斯打猎归来时，在池塘的倒影中第一次看到自己美丽的面容。他陶醉不已，久久凝视不肯离去，最终憔悴而死。死后，他便化成了一束水仙。

中国传统栽培的水仙，花瓣是白色的，中间有一圈黄色的“花心” 。尽管在晚唐文献中就有水仙的记载，但是它直到五代之际才传入中国，自北宋中期开始流行。“水仙”这个名字，很可能就是从那耳喀索斯的那个神话传说中演变而来。

和春节前后开花的水仙不同，黄水仙的花瓣是黄色的，要到春天气温转暖之后才开花。每年二月份，英国的超市里出售黄水仙的花蕾，顾客买回家插在装水的花瓶里，它就会慢慢开花。不过，水仙类花卉都是有毒植物，含有一种叫石蒜碱的物质。有些中国留学生看到捆成一束的黄水仙，误以为是蒜薹，便用来炒菜，结果吃得上吐下泻。

从侧面看，黄水仙的副冠像个直壁的杯子

黄水仙常成片种植

水仙的花瓣是白色的

huáng chāng pú

黄菖蒲

【别名】黄鸢尾
【学名】*Iris pseudacorus*
【家族】鸢尾科
【株高】叶基生
【分布】原产欧洲，中国广泛栽培
【花期】花期5月，果期6—8月

黄菖蒲有鸢尾属典型的二裂花柱分枝

喜欢生在水边的黄菖蒲

黄菖蒲有鸢尾类型的花，菖蒲的花则是一根棒子

黄菖蒲虽然名为“菖蒲”，却和端午节插在门上的那种叶子芳香的菖蒲没有亲缘关系。它们只是叶子形状有点像，又都长在水里。到开花的时候，两者的区别就很明显了——黄菖蒲会开出大而鲜艳的黄色花，漂亮极了。

黄菖蒲的果实

黄菖蒲是鸢尾属这个家族的成员。和其他的鸢尾类花卉一样，黄菖蒲花中一个叫“柱头”的部分扩大成三个扁平分枝，盖在花瓣上。这三个柱头分枝顶端又有个凹陷，形状像是鸢（一种猛禽）的尾巴，所以叫“鸢尾”。

鸢尾类花卉长出这样独特形状的花，目的是为了更好地传粉。扁平的柱头分枝和花瓣构成了一个“隧道”，通往花心的蜜腺。熊蜂之类传粉的昆虫在花瓣上着陆之后，便会钻进“隧道”，向花蜜爬去。在隧道里面，它们会遇到早已等候着的雄蕊，被抹上一身花粉。这样当它们再去访问下一朵花时，就会把花粉涂在花柱分枝上，完成传粉过程，然后鸢尾才会结出果实和种子。

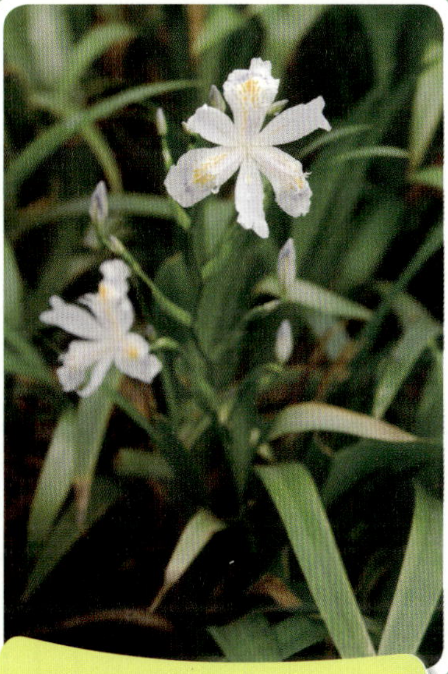

蝴蝶花的颜色是浅蓝紫色

鸢尾类花卉的种类很多，颜色各异，在北温带很多地方都有分布，其中有不少都是知名的园艺花卉。比如蝴蝶花，原产中国南方，后来传到日本。它的花呈淡蓝紫色，上面有深蓝色和橙黄色的花纹，像是蝴蝶翅膀的纹路。还有溪荪，原产中国东北部到日本，花通常是浓重的蓝紫色。

花开半妍

制作步骤

你可以使用这些材料：细铁丝、牙签、麦冬、海州常山等花草。

❶ 取一条麦冬叶子，叶面朝外，在10厘米处用手折出压痕。

❷ 每隔10厘米折一次压痕，拼成一个等边三角形。

❸ 继续用叶片缠绕，注意在转角处均需要折出压痕，使造型更具立体。

❹ 在一条麦冬叶子缠后，再取一条麦冬叶子继沿三角形折绕。

缠绕六圈后，用牙签依次穿
三角形三个内角的两个边，将
角形主体进行固定。

❻ 将多余的牙签剪断，继续再做两个三角形。

❼ 将三个三角形边靠边、角挨角围成一个三棱锥。

用细铁丝将三棱锥固定，
一个挂钩。

这样做可以让你的作品更漂亮：

1. 各种叶片长条形的植物都可以用来替代麦冬；
2. 在三棱锥中放上不同的植物，或是在三棱锥的边上固定上小装饰，就能形成不同风格的作品。

❾ 将花材放在三棱锥最中央，完成作品。

fú fāng téng

扶芳藤

【别名】无
【学名】*Euonymus fortunei*
【家族】卫矛科
【株高】高2~5米
【分布】产于中国大部分地区及周边国家，世界广泛栽培
【花期】花期6—7月，果期10月

当扶芳藤遇到大树，会攀援而上，形成“绿帘”

扶芳藤的枝条可以用来覆盖地面

扶芳藤和水杉是好搭档

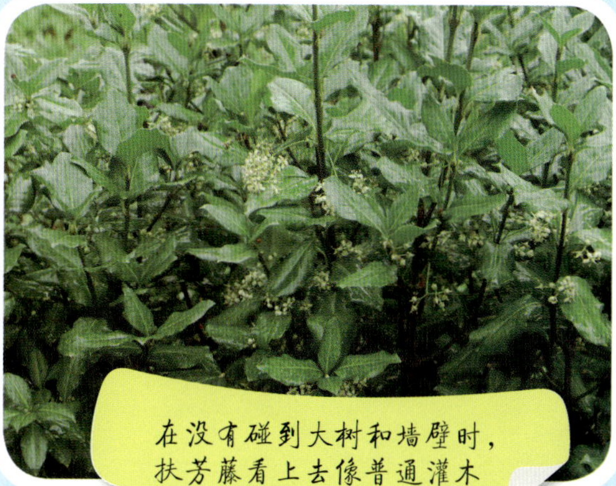

在没有碰到大树和墙壁时，扶芳藤看上去像普通灌木

扶芳藤的花很小，花心是绿色的

扶芳藤在形态上是一种很奇特的植物。它是一种灌木，但是枝条不像一般灌木那样要么向上生长，要么水平伸展。它的枝条长而柔软，遇到墙壁或其他树木的树干，会像藤条一样依附其上，靠着气生根向上攀缘，难怪它的名字中会有“藤”字。

很多植物的花朵有鲜艳的颜色，这是为了吸引动物来为它传粉。不过，并不是所有靠动物传粉的花都那么显眼。扶芳藤的花就不太显眼，不仅个头小，花瓣还带着绿色，不仔细看还不太容易发现。不过，就算没有灿烂的花色，扶芳藤一样可以吸引昆虫前来，因为扶芳藤的花能分泌蜜汁。授粉过后，花朵凋谢，果实开始发育，待果实成熟后裂开，便露出里面带着鲜红色“假种皮”的种子。

扶芳藤是中国很多地区（新疆和西藏也有分布）和周边很多国家都有分布的一种植物。因为分布范围太广了，不同地方的野生植株形态变异很大，曾经被植物学家当成了好几种不同的植物。扶芳藤比较耐寒，又是常绿植物，在冬季比较寒冷的地区，它成了一种不可多得的园林植物。如果让它的枝条在地面匍匐生长，便可以形成一片覆盖地面的绿毯，这时它是优良的地被植物；如果让它的枝条攀墙、攀树而上，又可以形成一道悬挂在树干或墙壁上的绿帘，这时它又是很好的垂直绿化植物。

wǔ yè dì jǐn

五叶地锦

【别名】五叶爬山虎
【学名】*Parthenocissus quinquefolia*
【家族】葡萄科
【株高】木质藤本
【分布】园艺杂交品种，世界广泛栽培
【花期】花期6—7月，果期8—10月

秋后，叶色会变成红或黄

叶片排列得密密麻麻，好充分吸收阳光

三叶地锦（3片叶）和五叶地锦（5片叶）的叶片对比

五叶地锦的每一枚叶子都有5枚小叶

五叶地锦可以结出葡萄一样的果实，但不能吃

地锦（爬山虎）的叶子顶端大多裂成3个角

在小学课本中，有一篇课文《爬山虎的脚》，它的作者是著名作家叶圣陶。文中写到地锦（爬山虎的大名）在攀爬到墙壁上之后，竟然可以“在墙上铺得那么均匀，没有重叠起来的，也不留一点儿空隙”。这种“叶镶嵌”现象，是植物在亿万年的演化中学会的生存本领——通过这种方式，没有一片叶子会被浪费，每片叶片都能沐浴在阳光下，最大程度地利用阳光，通过光合作用为自己制造养分。

更神奇的自然是地锦的“脚”——吸盘。地锦的茎上有卷须，末端膨大成圆珠状，遇到墙壁之类可以攀附的物体就会扩大成吸盘。刚形成的吸盘会分泌黏液，把幼嫩的茎梢粘在墙壁上。之后，吸盘里的细胞会向着墙壁上的微小凹坑里生长，最后和墙壁完全贴在一起。这样一来，即使黏液干枯，吸盘也仍然能靠着大气压的力量牢牢固着在墙上，支撑地锦的茎叶继续向上攀爬。

地锦原产我国东部，大多数叶片顶端分裂成3个角。不过，如今在立交桥下或是公园、小区里，更常见到的并不是它，而是它那原本生活在北美的姐妹五叶地锦。正如名字所示，五叶地锦的叶片由5个小叶构成。它是一种生长比地锦更旺盛、忍耐力更强的植物，所以也就担负起了垂直绿化的更多重任，为繁忙拥挤的城市带去绿意和生机勃勃。

yáng cháng chūn téng

洋常春藤

【别名】常青藤
【学名】*Hedera helix*
【家族】五加科
【株高】灌木
【分布】原产欧洲，世界广泛栽培
【花期】花期 9—12 月，果期次年 4—5 月

裹满洋常春藤的树干

洋常春藤的叶子一般有五个角

常春藤（左）是洋常春藤（右）的中国姐妹，它也常用在园林景观中

好看的植物

花绿色而不显著

洋常春藤和扶芳藤一样，是优秀的地被植物和垂直绿化植物。如果它伏在地面上生长，可以覆盖地面；如果它贴在树木和墙壁上生长，可以覆盖树干和墙面。洋常春藤有两种形状的叶子：最常见的叶子是五角形，像是一幅幅裁剪精致的绿色剪纸作品；如果你见到心形的叶子，那可算得上非常幸运，赶快在周围仔细找找，很可能会见到它的花果，因为这种心形叶子只长在有花果的枝条上。

洋常春藤原产欧洲。然而，和它相关的最有名的文化典故却来自美国。美国有所谓“常春藤联盟”，本来是东北地区 8 所私立大学联合举办的体育赛事，但也常常作为这些学校的统称。这 8 所大学中的哈佛、耶鲁、普林斯顿等都是中国人耳熟能详的世界名校，这里培养出许许多多的科学家、政治家等各行各业的名人。

洋常春藤是常绿植物。但是在美国小说家欧·亨利感人至深的名作《最后一片叶子》中，它却成了会在冬季寒风中落叶的植物。故事的女主人公琼西是个年轻画家，患了致命的肺炎，失去了活下去的信心，只等着最后一片藤叶被吹落，自己离世的时刻也就到了。善良的老画家贝尔曼为了拯救琼西，趁着黑夜在墙上画了一片逼真的、永不凋落的藤叶，终于激起了琼西生存的勇气。琼西的病情好转了，贝尔曼却因感染肺炎而去世。

洋常春藤靠茎上的气生根攀爬

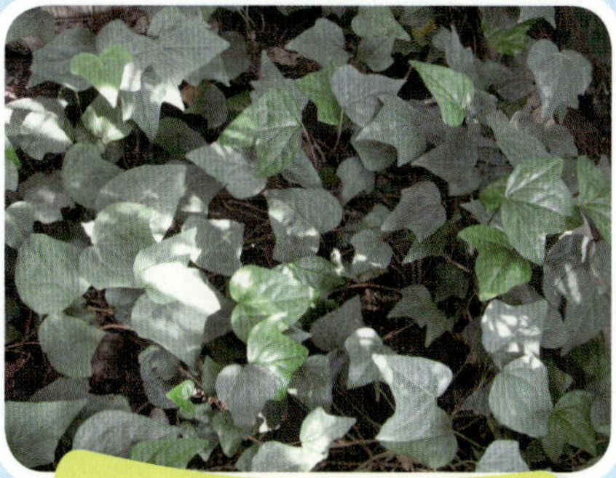

常春藤的叶形和洋常春藤不同，只有3个角

yù dài cǎo

玉带草

【别名】花叶藕草
【学名】*Phalaris arundinacea*
【家族】禾本科
【株高】高 0.6~1.4 米
【分布】中国常见栽培
【花期】花果期 6—8 月

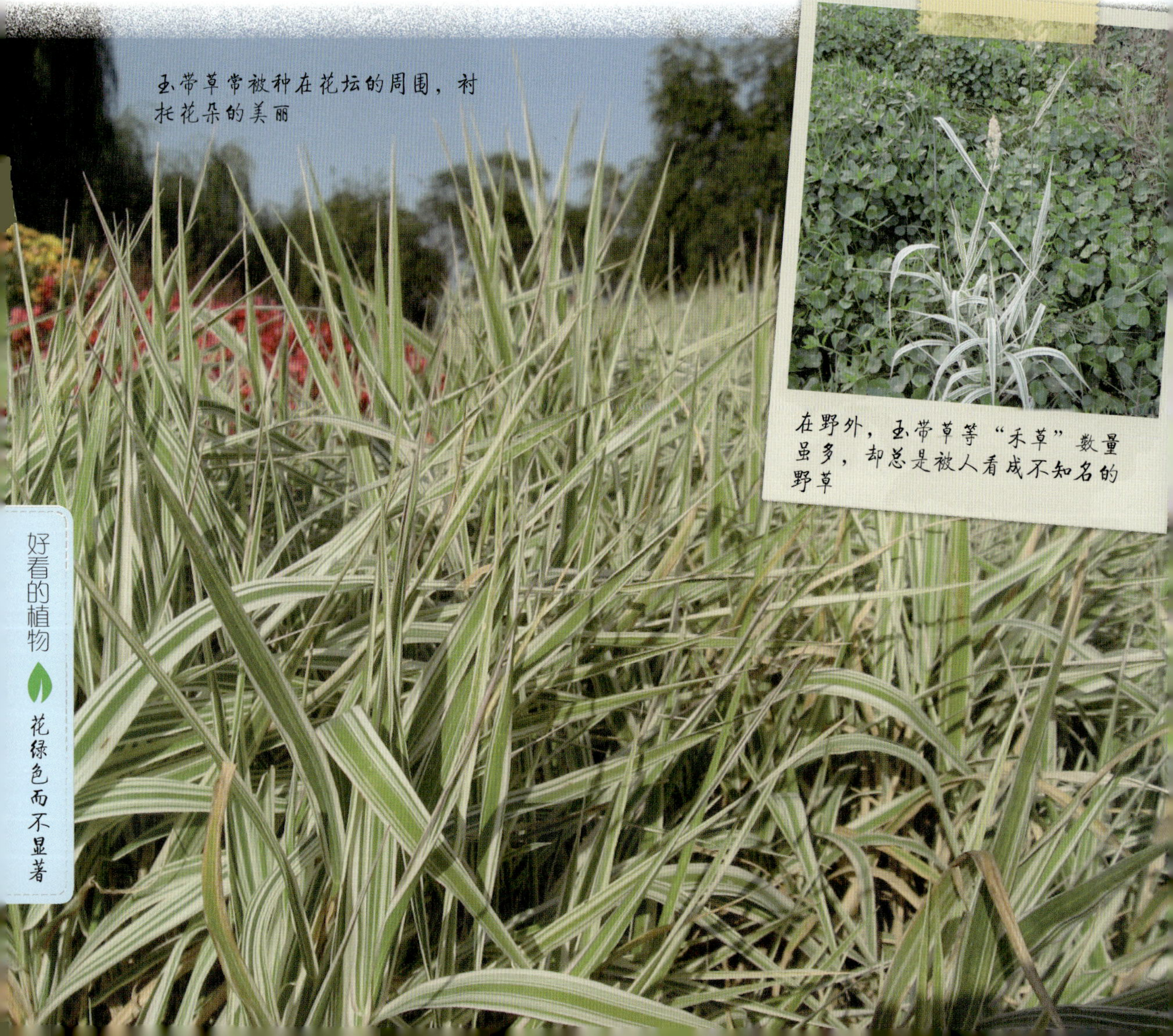

玉带草常被种在花坛的周围，衬托花朵的美丽

在野外，玉带草等“禾草”数量虽多，却总是被人看成不知名的野草

有很多植物，它们的花不靠动物传粉，而是靠风来传粉。这些植物的花通常都很小，也没有艳丽的颜色。禾本科这个植物大家族里，就几乎都是风媒传粉的植物。除了高大的竹子之外，大部分禾本科植物都是草本植物，统称“禾草”。然而，园艺家特别善于挖掘每个植物家族的潜力。在园艺家看来，禾草中不仅有许多品种可以用于铺草坪，还有很多品种具有硕大显眼的禾穗，成丛种在一起，可以为园林景观增添野趣。

还有一些禾草，偶然会发生变异，让原本纯绿色的叶子上出现浅色的条纹。这些变异的“花叶”品种因此成了别具一格的观赏植物。玉带草就是花叶禾草中最常见的品种之一，它是虉（yì）草的品种。虉草是北半球广泛分布的一种禾草，是优良牧草，亚洲、欧洲、北美洲、北非都能见到它的身影。

芦竹，则是热带地区广泛分布的另一种禾草。它叶形像芦苇，高大似竹，所以叫“芦竹”。幼嫩的芦竹也是牲畜的好饲料，而当它的叶片上出现类似玉带草的纵向白纹时，就成为具有观赏性的花叶芦竹。

除了纵纹，还有的花叶禾草具有独特的横纹。斑叶芒就是这样的品种，叶片每隔一段距离就会有一道窄窄的黄色横条，仿佛斑马身上的条纹，十分别致。

玉带草的叶子上有宽阔的白色纵纹

花叶芦竹是非常高大的观赏草

斑叶芒的叶子上有独特的横向斑纹

花叶芦竹、斑叶芒有着漂亮的叶片

jié lǚ cǎo

结缕草

【别名】无
【学名】*Zoysia japonica*
【家族】禾本科
【株高】高 0.15~0.2 米
【分布】主产中国东部沿海地区和朝鲜半岛、日本，常见栽培
【花期】花果期 5—8 月

结缕草草坪在夏天会开花

近距离看结缕草的穗状花序

狗牙根是常见的野草，它的叶片没有背毛

“结缕草”这个名字西汉时期就出现了。汉武帝时，有一位著名文学家叫司马相如，写了一篇歌颂皇家园林上林苑的赋文《上林赋》，其中有“布结缕”一句，说的是上林苑的地面上布满了名为“结缕”的草。这种“结缕草”，据后代学者的注释，是一种一边蔓生，一边打结的草本植物。后来，植物学家就根据这个记载，把中国东部的一种草命名为“结缕草”。

狗牙根的花序形状和结缕草不同

结缕草在地上具有贴地生长的匍匐茎，在地下还具有横走的根状茎，它们每延伸一段距离，就从节上生出须根和新的茎叶，看上去的确像是每隔一段就打了一个结。通过匍匐茎和根状茎的蔓延，结缕草可以迅速进行无性繁殖，很快占据一大片地盘。因为这个特性，它成为一种优良的草坪植物，不仅覆盖力强，而且耐践踏。难怪有些足球场的草坪也是用结缕草来铺设呢。

结缕草是一种喜暖的草坪草。它最喜欢的生长温度是 25 ~ 35℃，所以在超过 30℃的炎热夏季仍然能茁壮生长。因此，园艺学把它归入“暖季型”草坪草的行列。不过，结缕草并不害怕低温，连冬季冰点以下的气温都能耐受，是暖季型草中的耐寒种类，所以在中国南北都有广泛应用。

与结缕草类似，狗牙根也是一种耐寒的暖季型草坪草，十分常见。要区分它们两个也很简单，结缕草叶片上面有毛，而狗牙根的叶子通常两面无毛。

biàn sè lóu dǒu cài

变色耧斗菜

【别名】大花耧斗菜
【学名】*Aquilegia caerulea*
【家族】毛茛科
【株高】0.2~0.4 米
【分布】原种产美国西部，栽培多为杂交品种；中国常见栽培
【花期】花果期 6—8 月

外层紫色的“花瓣”其实是萼片

变色耧斗菜的距像是农具耧上的耧斗（播种时盛放种子的容器，农夫拉耧前行，种子就从耧斗底部漏下）

楼斗菜也是一类形状非常独特的花。就拿园艺上常见的变色楼斗菜系列品种来说吧，它的花结构极精巧，还有5根细长的管子，直直地垂在花下，让人为这自然界的巧夺天工赞叹不已。

变色楼斗菜的花长成这个样子，是为了吸引特定的传粉动物——天蛾。它们有长长的嘴巴，伸展之后正好可以够到细管子（距）的底部，吮吸那里的花蜜。在这个过程中，它们的身体会碰到变色楼斗菜的花蕊，帮助它传粉。

变色楼斗菜的花有很多是蓝紫色的。但正如它的名字所示，它的花色多变，除了蓝紫色，在野外也有白、黄甚至粉红等颜色。这当然逃不过园丁们的眼睛。通过把它与北美洲其他野生种的杂交，园艺家培养出了颜色丰富多样的品种，把它们种在一起，真是绚烂极了。

在亚欧大陆的温带地区也有不少种类的楼斗菜。分布于欧洲的欧楼斗菜，距不长，顶端强烈弯曲，主要靠熊蜂替它们传粉。园艺家拿它来杂交，也培育出了许多美丽的品种。在中国，也有自己的野生楼斗菜，古人觉得它的距像农具“耧”上的“耧斗”，所以管它叫“耧斗菜”。

欧楼斗菜的品种有弯曲成钩状的距

高翠雀是花坛常用花卉，也有长长的距

玫红色的变色楼斗菜品种

sān sè jǐn

三色堇

【别名】猫脸花、蝴蝶花
【学名】*Viola tricolor*
【家族】堇菜科
【株高】高0.1~0.4米
【分布】原种产欧洲，栽培为园艺杂交品种；世界广泛栽
【花期】花期4—7月，果期5—8月

三色堇在花坛中很常见

野生三色堇的样子

三色堇是欧洲常见的野草。它的花不大，但是颜色很丰富，上面两个花瓣是不杂一点红色色调的蓝紫色，下面三个花瓣是较浅的蓝紫色，中间是黄色的“花心”，花心周围还叠加着放射状的深蓝紫色条纹。它的两个别名“猫脸花”和“蝴蝶花”都是对这种精致花朵的形容，却又总让人觉得都形容得不到位。

三色堇的花和种子

19 世纪的时候，欧洲园艺家对三色堇做了很大力气的培育，又用其他种（主要是北美洲的角堇菜）和它杂交，于是陆续育成了几个很有特色的品系。比如大花三色堇系列，不仅花很大，而且花心周围像猫胡须的条纹扩大融合成了黑斑，整个花就像是人扮出的鬼脸。小丛三色堇系列则反其道而行之，花故意育得很小，花上通常也没有黑斑，甚至连条纹都没有，整朵花散发着浓郁而独特的香气。有些品种花期很长，甚至在冬天也可以一直开花，成为肃穆冬季中的一道亮色。

虽然名叫“三色堇”，但也有纯色的品种

在花坛中，有种和三色堇容易搞混的花——夏堇。它原产越南，曾经叫做“蓝猪耳”。这名字一听就带着浓郁的乡土气息，后来改名“夏堇”，一下子变得文艺气息浓郁。夏堇的花色多变，常见的是蓝紫色和紫红色，有些像三色堇，所以也以“堇”为名。不过，它和三色堇并没有亲缘关系。夏堇的花期很长，在夏天开花之后，可以一直开到冬季，人们在深秋和冬季的花坛中常会见到夏堇努力开放的模样。

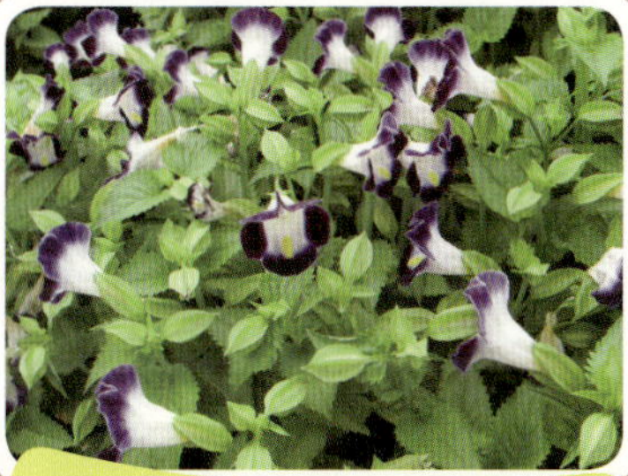

夏堇因从夏天开始开花，颜色像三色堇而得名

huó xuě dān

活血丹

【别名】铜钱草、金钱草、遍地金钱
【学名】*Glechoma longituba*
【家族】唇形科
【株高】匍匐草本
【分布】产于中国大部分地区，以及朝鲜半岛和俄罗斯，常见栽培
【花期】花期4—5月，果期5—6月

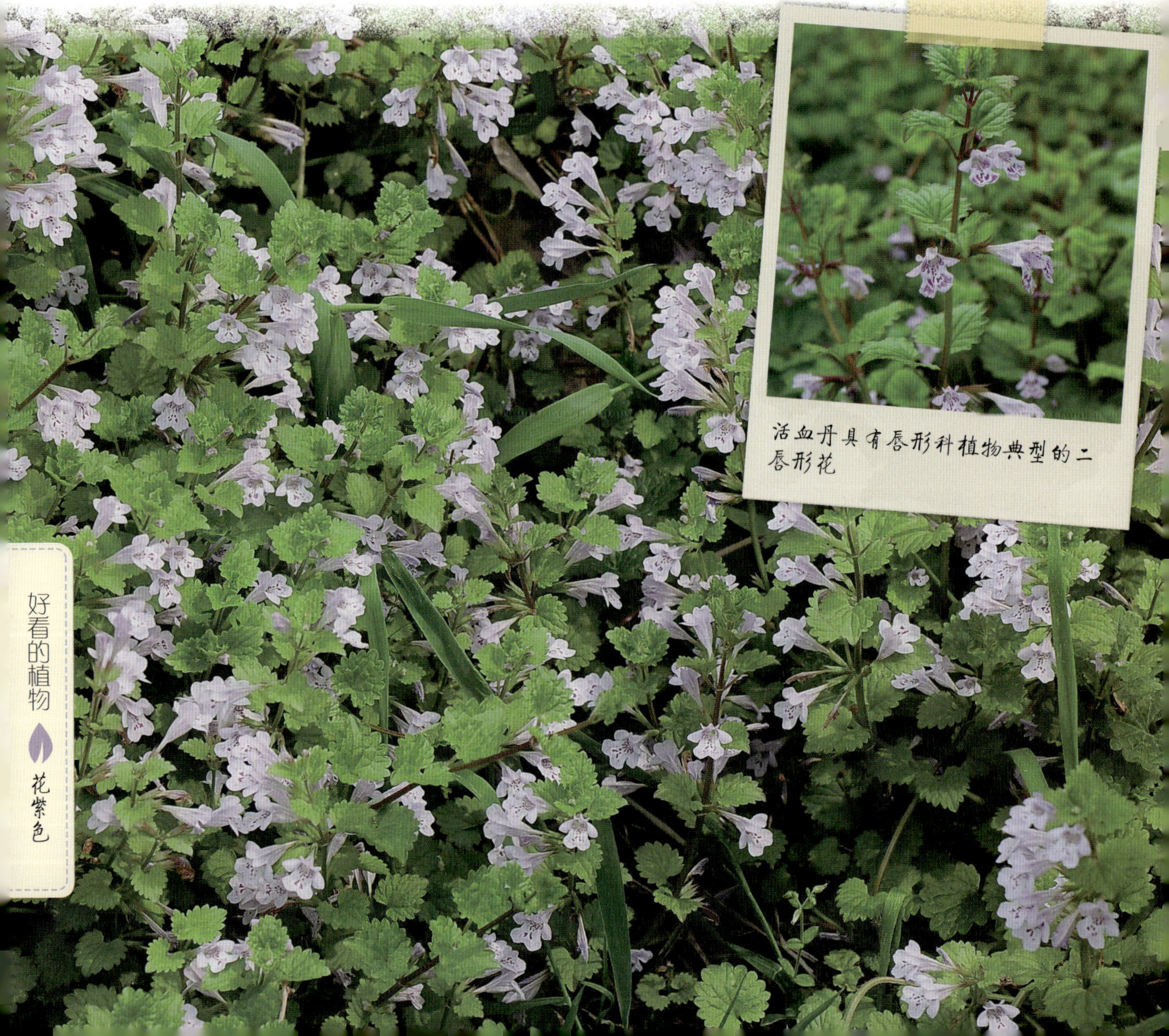

活血丹具有唇形科植物典型的二唇形花

活血丹的花冠像个小喇叭，顶端又大致裂成两爿，像人的嘴唇。这种花形是唇形科家族中很多植物的特征。不过，跟人的嘴唇不同，活血丹花的下唇要比上唇更大、更长，如果有人的嘴唇长成这样，那就是不折不扣的“地包天”了。

活血丹是一种匍匐草本。它以茎当脚，在地上爬行。每个茎节上会长出两片肾形的叶子，边缘有粗大的圆齿。这叶子的形状略有点像古代的铜钱，远远望去，成片的叶子就像是撒在地上的一大把铜钱。活血丹因此有了“铜钱草”“金钱草”“遍地金钱”等许多和钱有关的别名。至于“活血丹”这个名字，则显然和传统医学有关。在中国民间，它是一味常用的草药，据说可以治疗多种疾病，包括一些出血的症状，因此得名“活血丹”。

正如高翠雀被园艺家相中，用来勾勒花坛中的垂直线条一样；活血丹成片匍匐生长的习性，让它很适合用来覆盖地面，在园艺景观中涂出一片葱翠的绿色。曾经的草药，如今成了园艺界的新宠。

除了活血丹，还有不少种类的植物密集而矮小，可以用来代替草坪覆盖地面，起到防止水土流失、吸附尘土、美化环境的多重作用。它们在园艺上统称“地被植物”。马蹄金也是这样一种地被植物，在全球热带亚热带地区广泛分布。它的叶子形状和活血丹有点像，但边缘没有圆齿，很容易分辨。

活血丹的肾形叶子

活血丹是很好的地被植物

马蹄金的叶子没有圆齿

蛇莓和白车轴草、蔓花生一样，都是常见的地被植物

jiǎ lóng tóu huā

假龙头花

【别名】随意草
【学名】*Physostegia virginiana*
【家族】唇形科
【株高】高 0.6~1.2 米
【分布】原产北美洲，中国常见栽培
【花期】花果期 6— 10 月

假龙头花也叫随意草，是北美洲植物。它的两个中文名字都是英语名的意译——假龙头花来自“false dragonhead”，是说它有点像另一类叫“龙头花”的植物。“随意草”这个名字就更好玩了，它是从“obedient plant”翻译来的。名字中的“随意”二字说明了它的一个特点。原来，当你用手拨弄它的花时，花会跟随你的手而扭转。你的手拨到哪里，花就会扭到哪里，跟随你的心意。

假龙头花的花序竖直向上，是一种能为园艺景观增添竖线条的花卉。当然，它也可以成列、成片栽培，开花的时候很壮观。

假龙头花和欧活血丹都是唇形科大家族的成员，每个茎节都长有两片叶子，花也都是二唇形。不过，并不是所有叶对生、花二唇形的植物都属于唇形科。金鱼草这种常见的花卉就不是，它属于另一个大家族——车前科。金鱼草原产欧洲，花的下唇上有两个黄色的凸起，像是龙的脸颊，所以它的英文名之一是可怕的“snapdragon（猛咬的龙）”。不过更可怕的是它的果实，在成熟之后会裂开几个孔散出种子，而这几个孔正好让干枯的果实看上去像骷髅头。

假龙头花可以为园艺景观增添竖线条

金鱼草的花，像金鱼，也像龙头

香彩雀的花总是张着大嘴

liǔ yè mǎ biān cǎo

柳叶马鞭草

【别名】无
【学名】*Verbena bonariensis*
【家族】马鞭草科
【株高】高 1~1.5 米
【分布】原产南美洲，中国常见栽培
【花期】花果期 5—9 月

柳叶马鞭草的花序略呈伞状

茎细长而坚韧

一串蓝

茴藿香

除了柳叶马鞭草还有这些植物经常被误认成薰衣草

柳叶马鞭草常成片种植成花海

柳叶马鞭草的叶片

一朵朵小花聚成一枝花序

柳叶马鞭草是充满南美风情的植物。它的学名中的第二个词“bonariensis”意思是“产自布宜诺斯艾利斯的”，布宜诺斯艾利斯正是南美农牧业大国阿根廷的首都。柳叶马鞭草常常成片种植，开花时形成一片紫色花海，仿佛让人置身阿根廷粗犷不羁的大草原。

不过，如果你喜欢柳叶马鞭草，大概常常会感到无奈，因为总有人把它误认成薰衣草。薰衣草是欧洲植物，在花序形状和叶形上都和柳叶马鞭草相差甚远；它们的家族也不一样——薰衣草是唇形科，而马鞭草是马鞭草科。

但是，薰衣草实在太有名了。它有独特的芳香气味，常常用在化妆品中；在欧洲也有很多薰衣草田，开花的时候也让人心旷神怡，实在太适合作为婚庆摄影的浪漫背景了。于是，很多对植物不太熟悉的人，就只记住了“成片的紫色”这个特征，只要看到大片的紫色花，就以为是薰衣草了。

事实上，在江南地区，是很难见到大片薰衣草田的。薰衣草喜欢地中海式的气候，冬天温和多雨，夏天炎热干燥。中国东部的季风气候却与之不同，冬天寒冷干燥，夏天却炎热多雨，而薰衣草并不太适应这种气候。在中国，最适合薰衣草生长的地方是新疆，特别是有“塞外江南”之称的伊犁地区。那里的气候和地中海地区有点相似，中国绝大多数的真薰衣草都种在那里。

fēng xìn zǐ

风信子

【别名】无
【学名】*Hyacinthus orientalis*
【家族】天门冬科
【株高】叶基生
【分布】原产西亚，世界广泛栽培
【花期】花期3—4月，未见结实

风信子和黄水仙一样，名字都来自古希腊神话中的人物

风信子花有晶莹剔透的蓝色色调

这些都是来自地中海的宿根花卉

好看的植物 花紫色

话说古希腊有位容貌俊美的王子叫海辛瑟斯，很得太阳神阿波罗的欢心。阿波罗经常把他带在身边，一起玩耍。有一天，他们两人玩起掷铁饼的游戏，海辛瑟斯不慎被阿波罗扔出的铁饼击中，身受重伤，流了很多血，最终死亡。伙伴因自己而死，让阿波罗伤心不已，于是他把洒在地上的血变成了花，这就是风信子。

风信子这个很美的名字，是日本人的杰作。“风”大概是说它的花有香味，会随风飘散；至于“信子”，本来只是它的英文名“hyacinth”中部分音节的音译。然而两部分结合起来，却让人觉得这仿佛是花和风与人的约定，每当风信子在早春开放，就如同告诉人们：和暖春风将要到来。

风信子是地中海地区原产的众多花卉之一。地中海地区最难熬的季节不是温和多雨的冬季，而是炎热干燥的夏季。于是很多草本植物就在地下长出根状茎、鳞茎、球茎等越夏器官，夏天时蛰伏地下，静待时光；到了秋天才萌发，花期也安排在比较凉爽的秋、冬、春三季。这些在一年中有一段时间要靠地下器官休眠的花卉，在园艺上就叫“宿根花卉”。

蓝壶花也是地中海地区的宿根花卉。虽然它的花形和风信子很不一样，但它也有细长的花穗，花常常是蓝紫色，在早春开放，所以又叫“葡萄风信子”。

玫红色的风信子品种也很常见

风信子的果实

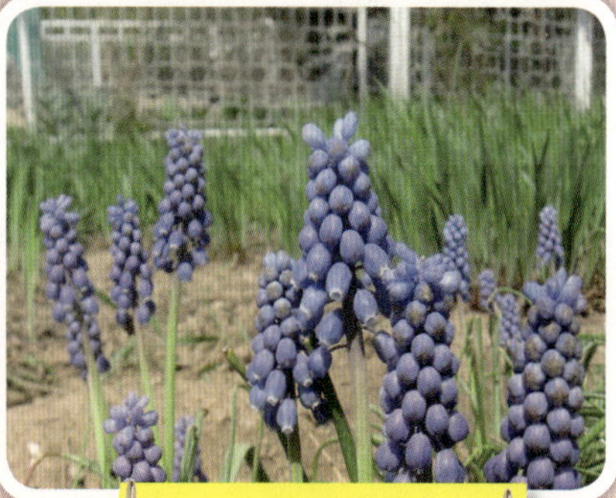

蓝壶花

bǎi zǐ lián

百子莲

【别名】早花百子莲
【学名】*Agapanthus praecox*
【家族】石蒜科
【株高】叶基生
【分布】原产南非，世界广泛栽培
【花期】花期6—7月，果期8—9月

在夏季，百子莲是重要的景观花卉

百子莲所有花的花梗都从花莛顶端的同一个点发出，仿佛一把雨伞

火把莲的花会变色，在还是花蕾的时候是红色，离开放的时间越近，颜色就越浅，到开放时就变成了黄色

百子莲是南非出产的诸多美丽花卉中的一种。它的学名第一个词“Agapanthus”由古希腊语中的“爱情”和“花”两个词拼合而成，倘若直译的话，就是“爱情之花”。每年夏天，百子莲都会开出繁茂的花朵，仿佛在向人们展示它对美好爱情的祝愿。

园艺家很喜欢百子莲，不仅是因为它有灿烂的蓝紫色调，也因为很多花卉喜欢扎堆在春天和秋天开花，能在酷热的夏天开花的植物不多，因此百子莲在夏日园林景观布置中可以起到重要作用。不过，分类学家却为它的家族归属争论不休。如今，大多数分类学家都认同，百子莲属于石蒜科这个大家族。石蒜科有很多植物，比如石蒜、水仙等，会用有毒生物碱作为防御捕食者的化学武器；而百子莲不含生物碱，它用来驱逐食草动物的武器是皂苷，一种放在水里搅拌会像肥皂一样产生泡沫的化学物质。

石蒜科植物的“家族标志”伞形花序

百子莲的果实

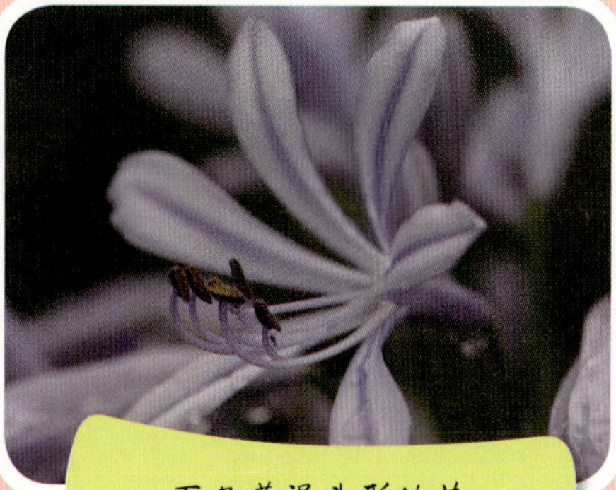

百子莲漏斗形的花

shuǐ zhú yù

水竹芋

【别名】再力花
【学名】*Thalia dealbata*
【家族】竹芋科
【株高】高达2米
【分布】原产美国东南部，世界广泛栽培
【花期】花期5—9月，果期9—11月

水竹芋像在水中亭亭玉立的美人

水竹芋在园艺上常叫“再力花”，是它的学名第一个词“Thalia”的音译。相比这个干巴巴的音译名，“水竹芋”提供的信息量更多：明确告诉我们这类植物是竹芋科大家族中水生的种类，也是这一家族中唯一真正的水生植物。

竹芋科植物几乎都产自热带地区，而水竹芋是唯一产自温带地区的品种。因此，它比较耐寒，可以在中国很多地方露天种植。虽然水竹芋引入中国的时间不长，却早已成为水景布置的重要花卉之一。它开花时，亭亭玉立的植株就像是伫立水中的美人。

让人惊讶的是，这位水中美人其实行事相当“狠毒”。在开花之前，水竹芋的花粉会预先抖落在细长的花柱之上。开花之后，昆虫被花朵吸引而来。昆虫一旦触碰到花中一个隐秘的机关，花柱就会突然“啪”的一声弹出，把昆虫紧紧缠住，同时把花粉打在昆虫身上。只有力气大的昆虫才能从这绳索中挣扎出来，带着花粉再去寻找下一朵花，为水竹芋传粉。力气小的昆虫，便会被花柱一直缠住，最后死在花里面。如果你有兴趣，在水竹芋开花的时候可以用牙签去试探。弹出的花柱同样可以把牙签紧紧绕住，绝不撒手。

虽然是美丽的花，却有“狠毒”的心

能够防水的叶片

干枯后依旧屹立在水边

不少花朵都不用暴力手段，而是通过特殊的斑点吸引昆虫来传粉

jī guān huā

鸡冠花

【别名】无
【学名】*Celosia Cristata*
【家族】苋科
【株高】高0.4~0.9米
【分布】园艺品种，广泛栽培
【花期】花果期7—10月

花紫红色、鸡冠状的鸡冠花是最常见的品种

鸡冠花和鸡冠一样鲜红，向上直立

鸡冠花在中国是一种久经栽培的花卉。最常见的品种有紫红色鸡冠状的花序，这是“鸡冠花”一名的由来。除此之外，鸡冠花还有火焰状等其他形态，红、黄等多种其他颜色。

鸡冠花在全世界广泛栽培，但研究人员一直找不到野生植株。所以很多人怀疑，它其实是由另一种植物青葙培育而成的园艺种。青葙也叫“野鸡冠花”，茎叶和鸡冠花几乎一模一样，只是花形不同。青葙的花序是简单朴素的一根穗，没有分枝，也从不呈鸡冠状；花的颜色也很素雅，初开时还带一点淡粉红色，开过之后就褪成了白色，所以整个花序常常是上红下白。尽管简朴风格的青葙如今也得到了园艺上的开发利用，可以呈现一种恬淡的野趣，但以前它并不怎么受重视，主要用途不过是入药罢了。

青葙的原产地可能在印度、非洲等热带地区，后来才传入中国，成为广布的野草。有一天，其中一棵植株偶然发生变异，原本瘦长的花穗突然横向扩张成了鸡冠状（园艺学术语叫“缀化”），被眼尖的园丁发现，保存了下来，于是它就成了鸡冠花的鼻祖。经过一代代园丁的努力，鸡冠花的各种花形和颜色便陆续培育出来。至于这个发掘了鸡冠花鼻祖的伟大园丁是印度人还是中国人，我们还不清楚，这就有待于植物学家进一步研究了。

“凤尾”鸡冠花现在也挺常见

青葙很可能是鸡冠花的野生种

鸡冠花也有这种颜色

zǐ téng
紫 藤

【别名】无
【学名】*Wisteria sinensis*
【家族】豆科
【株高】木质藤本
【分布】产于中国黄河、长江流域常见栽培
【花期】花期4—5月，果期5—10月

紫藤的花序下垂，花期时香气扑鼻

尽管在中国古代，“藤”是所有藤本植物的统称，但在很多古代诗文中，一说到藤，往往指的就是紫藤。

紫藤是很有辨别性的木质藤本植物。南朝梁简文帝有首《咏藤》，说“标春抽晓翠，出雾挂悬花”，就可以肯定是在描述紫藤，因为紫藤的花序是悬垂的，而且它刚开花的时候还没有叶子，要到花盛开之后才长出嫩叶，正契合于“抽晓翠”的表述。

到了唐代，“紫藤”这个名字更是频频出现在诗歌中。大诗人李白写过一首五言绝句《紫藤树》：“紫藤挂云木，花蔓宜阳春。密叶隐歌鸟，香风流美人。”暮春时节，紫藤的花期已经要结束了，叶子已经密到可以把鸣禽隐藏其中，但仍在开放的花依然散发着芳香，让美人流连忘返。

古人对藤本植物总有一种偏见，觉得像是趋炎附势之徒。凌霄就因此被批评得很惨。但对于紫藤，古人却显得比较宽容。也许这和它的花色有关，应了“紫气东来”的吉兆，于是在很多人心目中，它就成了吉祥的花卉。

紫藤有个姐妹叫多花紫藤，原产日本，但在很多特征上和紫藤不一样，最大的区别是茎的缠绕方向正好相反。紫藤的茎是右旋的，而多花紫藤的茎是左旋的。上海嘉定有个紫藤公园，每年春天公园里的藤花都会盛开，这些藤都是多花紫藤，而不是中国的紫藤。

紫藤的花开过一段时间后，嫩叶才长出来

紫藤的果实是长长的豆荚

多花紫藤的花序比较狭长，从上往下顺序开放

zǐ jiāo huā

紫娇花

【别名】蒜味草
【学名】*Tulbaghia violacea*
【家族】百合科
【株高】叶基生
【分布】原产南非，世界各地多有引种栽培
【花期】花期5—7月，未见结实

紫娇花会散发出浓郁的韭菜味

它有着伞形花序，每朵小花花柄基本等长

紫娇花和葱蒜类植物所含的含硫化合物人类特别喜欢，结果它们就成了人类眼中美味的可食用植物

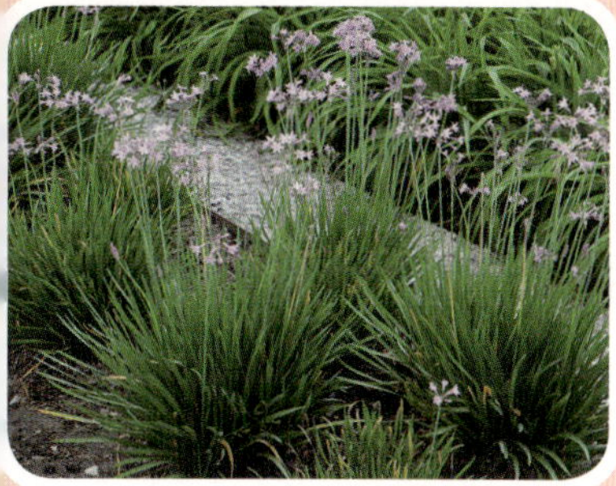

紫娇花的花是娇艳的紫色

紫娇花是韭菜的近亲，长得也有点像

紫娇花这个清新的名字，让人眼前浮现出一个开着紫花、叶片柔弱的可爱形象。可是，如果你真的去和它接触，恐怕会颠覆你的想象。天气晴好的日子里，往往在离它还挺远时，就能闻到一阵浓烈的韭菜味。走近之后，人们便不得不相信，这浓辣的味道，竟然是由这种开着紫色小花的植物散发出来的！

紫娇花是南非贡献给世界的又一种花卉。它的气味和葱蒜类植物的气味一样，都是来自含硫化合物。事实上，紫娇花是葱蒜类植物的近亲，归于石蒜科这个大家族。就像葱蒜类植物一样，紫娇花也可以吃，它的花和叶子都能用来凉拌。而且，据说它的气味虽然浓郁，但不像大蒜那样会在嘴里一直残留，所以吃完之后用不着拼命刷牙漱口，就能直接去跟人聊天。它的英文名“society garlic（社会蒜）”就是这么来的。不过花坛中的紫娇花可不能吃，养护人员为了让它们开得鲜艳，可能会喷洒药物，人吃了有害健康。

在真正的葱蒜类植物中，也有园艺观赏品种。比如大花葱，原产中亚和西亚，是葱蒜类中最高的一种，可达 1.5 米。它的花序中有非常密集的花，组成硕大的球形，非常好看。

自然彩虹胸针

制作步骤

你可以使用这些材料：订书机、双面胶、秋冬的红花檵木叶子、广玉兰落叶、喜树果实。

❶ 将红花檵木的叶子根据颜色分成橘红、草绿、深紫三组。

❷ 按橘、绿、紫三色，叶尖朝上，每片叶子间距等宽，重叠排序。

❸ 将三片叶子叶柄连接处重叠并以深紫色叶片为角反折。

❹ 将三片叶子卷成甜筒状。

用订书机将甜筒状叶卷
定。

⑥ 重复步骤2—5，做出足量的三色甜筒状叶卷。

⑦ 在每一个叶卷背面贴上双面胶，取广玉兰叶片，将叶卷粘贴上去。

继续粘贴，每一次粘贴
要将之前的叶卷上的订
针覆盖住，并在最后收
处贴上双面胶。

⑨ 取喜树果实，在一个方向上拔掉几个窄翅，使球形翅果形成一个平面。

这样做可以让你的作品更漂亮：

1. 订书钉钉叶片时，钉的正面应与叶面同一方向，订书钉反面与叶子的收口同一方向；
2. 将叶卷黏贴到广玉兰叶片时，使叶卷以尖朝叶柄方向，顺着叶形自然枯卷的折痕进行粘贴。

⑩ 将喜树果实粘贴到广玉兰叶片上，并盖住最后三色叶卷的订书钉。

bái shuì lián

白睡莲

【别名】欧洲白睡莲
【学名】*Nymphaea alba*
【家族】睡莲科
【株高】浮水草本
【分布】原产欧洲、中东和北非部分地区，中国常见栽培
【花期】花期6—8月，果期8—10月

花瓣形状硬挺，轮廓鲜明

睡莲的叶子有个缺口，荷花的叶子是圆形的

黄睡莲原产墨西哥

蓝睡莲是古埃及的圣花，现在则是埃及的国花

红睡莲是白睡莲的变异类型

白睡莲是公园里的常见水生植物。“睡莲”一名中的两个字取自它的两个特点。它开出的花，花瓣很多、形状清晰、一片片相互重叠，和莲花（荷花）很像，所以名中带“莲”。又因为它的花早上开放，到下午四五点钟就闭合，仿佛睡着一样，所以叫“睡莲”。不过，虽然长得像，睡莲和荷花的亲缘关系却很远。

睡莲类花卉是个不小的家族，花色非常多样，有白的、红的、黄的、蓝的，论起色系来，比“花中皇后”月季还要丰富。白睡莲就不仅有开白色花的品种，还有开红色花的品种——红睡莲。原产墨西哥的黄睡莲和原产埃及的蓝睡莲都是色彩鲜艳的品种。特别是蓝睡莲，在古埃及时期，它是象征太阳神的圣花，很受人们喜爱。

睡莲的叶形很有特点。圆圆的叶子中间有个狭窄的缺口，看上去就像经典游戏《吃豆人》中那贪吃的又可爱的大头。当然，仔细看的话，不同种睡莲的叶形还有细微差别。比如白睡莲的叶片边缘是平滑的，而蓝睡莲的叶片边缘则像狗牙一样参差不齐。这也暗示了它们的家乡不同——平滑叶子的睡莲大多来自寒冷的温带地区，叶子带齿的睡莲则来自温暖的热带水域。

尽管常见栽培的睡莲都是外国植物，在中国的栽培史只有一百多年，但它们很受人们喜爱。在上海，著名的古典园林古猗园本来以竹著称，而那片水中舒展开来的睡莲却吸引了更多游客驻足观赏。

bái chē zhóu cǎo

白车轴草

【别名】白三叶草、三叶草
【学名】*Trifolium repens*
【家族】豆科
【株高】高0.1~0.3米
【分布】原产欧洲、北非；中国常见栽培，有时逸为半野生
【花期】花果期5—10月

白车轴草的3枚小叶几乎一样大小，上面常常有马蹄状的白纹

白车轴草和酢浆草

白车轴草的花像大豆花

白车轴草的叶子有白斑

试试看，你能在一片白车轴草中找到长着四片叶的吗

白车轴草是什么？它的俗名可谓大名鼎鼎——三叶草。这是一种被赋予文化意味和丰富想象的植物，它的形象经常出现在各种小说和影视作品里。

在一片白车轴草的草丛里，你会发现绝大多数植株的叶片都由3枚小叶构成。有时候，人们可能会把酢浆草误认为三叶草，因为它的叶也由3枚几乎一样大小的小叶构成。不过，酢浆草的小叶呈倒心形，顶端有明显的凹陷，上面也没有白纹，晚上还会闭合在一起。有了这些信息，你就能辨认出它俩了。

如果开了花，白车轴草的特征就更明显了。它的花很小，组成球形的花簇；但如果仔细看的话，就会发现每一朵小花都有点像大豆或槐树的花。没错，它属于豆科这个大家族。不仅如此，白车轴草还有豆科植物普遍具备的本领，就是在根上长有根瘤，里面住着固氮菌，可以把空气中的氮气“抓”住，转换成白车轴草需要的氮素营养。所以，白车轴草是优良的牧草，茎叶中含有丰富的蛋白质，可以让牲畜长得膘肥体壮。除了做牧草，它也是城市里优良的地被植物。

在传说中，三叶草的3个叶片分别象征着真理、希望和爱情。如果你能找到长着4片小叶的三叶草，就会获得“好运”，这正是第4片叶的寓意。下次遇见它时，不妨留心找找看吧，祝你好运！

bái jīng jú
白晶菊

【别名】小白菊
【学名】*Mauranthemum paludosum*
【家族】菊科
【株高】高 0.15~0.25 米
【分布】原产西南欧和北非，中国引栽
【花期】花期从冬末至初夏，果期 5—6 月

菊科是开花植物里数一数二的大家族，主要分布在温带地区。这个家族里的不少品种都被人类引种驯化，开出美丽的花朵。

白晶菊，就是近年来广泛栽培的一种菊科花卉。它的花色代表了人类喜爱的一种典型的配色：白色的“花瓣”配上黄色的“花心”。其实，严格来说，白晶菊的“花”并不是真正的花，而是由很多小花聚集在一起形成的花序。每一枚“花瓣”才是一朵真正的花，而“花心”也是由很多花组成的。

白晶菊是一年生植物，这意味每年花谢结实之后，它们就枯死了，来年需要用种子重新播种。然而，白晶菊的花期很长，花量又大，盛花期时，可以形成非常漂亮的景观。所以城市绿化部门每年都会不厌其烦地种植白晶菊，小小的花朵、短暂的生命，却组合出了辉煌的场景，给人们美的享受。

滨菊和白晶菊长相类似，也有白色“花瓣”、黄色“花心”的搭配。在英语中，它叫“牛眼菊”，可见它的花朵之大。和白晶菊不同，滨菊是多年生植物，虽然每年冬天地上部分会枯死，但地下部分还活着，第二年春天又可以长出新的茎叶，死而复生。

白晶菊的花很小巧

白晶菊“花瓣”下面的总苞片部分透明

滨菊的植株比白晶菊更大，第二年春天能死而复生

yù　　zān

玉　簪

【别名】白萼
【学名】*Hosta plantaginea*
【家族】天门冬科
【株高】叶基生
【分布】中国长江流域及以南各地区，各地广泛栽培
【花期】花果期8—10月

玉簪是中国有名的香花

玉簪是古人盘发的工具，与玉簪花形似

玉簪的花冠管从基部到顶端逐渐变宽

玉簪的果实看似豆角

紫萼的花冠管呈紫色，靠近开口处突然变宽

玉簪是秋天的花。盛夏时节，它只露出一丛浓绿色叶子示人。如果你见到这叶丛中抽出了花茎，花茎上再抽出白色的花蕾，那么，秋天到了。

玉簪的花洁白如玉，形状像古人插在头发上的玉簪，所以叫“玉簪”。它还有一个别名叫“白萼”，是对花色的平铺直叙，就显得不如“玉簪”来得生动了。玉簪的花在晚上开放，散发出芳香的气味。这种夜晚开放、白花、有香气的特征是一群花卉的特征，它们都用香气招徕昼伏夜出的昆虫（蛾子或蟋蟀之类）为自己传粉。

玉簪株形优雅，古人早就把它移种到庭园中，还把它和汉代李夫人的传说联系在一起。李夫人是汉武帝的皇后，容貌极美，“倾国倾城”这个词最早就是形容她的。传说汉武帝有一天到李夫人住处，觉得头皮发痒，就用李夫人的一把玉簪搔头；消息传出去，宫中女子全都改用玉做簪子，搞得市面上玉的价格都涨了一倍。李夫人的孙子刘贺，那位只做了27天皇帝便被废黜的天子，他的墓葬近年来在南昌被发现，成为轰动一时的考古新闻。

玉簪是中国原产的植物，它有一个近亲叫紫萼，花是紫色的，白天开放，也久经栽培。不过，玉簪类植物的分布中心却在日本，在日本园艺匠人的巧手和耐心栽培之下，几十个品种的玉簪争相绽放。

fèng wěi sī lán

凤尾丝兰

【别名】凤尾兰
【学名】*Yucca gloriosa*
【家族】天门冬科
【株高】高 0.5~1.5 米
【分布】原产美国东南部沿海地区，中国广泛栽培
【花期】花期 9—11 月，未见结实

凤尾丝兰的叶片长得更密，每年都能开花；而剑麻（如图）的叶片更大，终生只开一次花，花谢后便枯萎死亡

凤尾丝兰是多肉植物中的另类。说它是多肉植物，因为它的叶肥厚肉质，具有贮藏水分的功能；但它又和一般的多肉植物不一样，既不是长在干旱少雨的荒漠地区，也不是长在温暖的热带地区。它喜欢降水丰富的地方，也可以忍耐 −20℃ 的低温，就连偶尔的降雪和霜冻也难不住它。这种难得的习性，让凤尾丝兰从美洲的温暖地区来到中国后也能茁壮生长。

丝兰类植物之所以名为“丝”，是因为一些品种的叶子边缘有很多丝状纤维。凤尾丝兰的叶子边缘也有丝，不过并不太多。新栽种的凤尾丝兰茎很短，叶子仿佛直接从地面生出。但是随着它的不断生长，茎越来越长，叶丛也越来越高。有的凤尾丝兰可以长到两三米高，简直就是一棵小树。当然，这样大的植株相当罕见。

凤尾丝兰在过去被植物学家归类到百合科家族，因为它有 6 枚花瓣和 6 枚雄蕊，环绕子房（将来发育成果实）生长，和百合一样。其实，它们只是看起来像而已，经提取植物细胞里的 DNA，用分子生物学方法做基因鉴定，发现凤尾丝兰和百合其实关系很远，倒是和原产东亚的玉簪比较接近。它们的祖先在大约 2400 万年前才分道扬镳，在生物的演化史上，这已经算离现在很近了。

凤尾丝兰的花像下垂的铃铛

从下面看过去，凤尾丝兰的花挺精致

栽培不久的凤尾丝兰叶丛离地面很近，还看不到“树干”

cōng lián

葱莲

【别名】葱兰、风雨花
【学名】*Zephyranthes candida*
【家族】石蒜科
【株高】叶基生
【分布】原产南美洲东部；中国温暖地方广泛栽培，有时逸生
【花期】花果期8—11月

叶子又细又长，很容易辨认

硬挺的花瓣有几分莲花的特质

葱莲和韭莲是亲戚

葱莲的叶子切面是半圆形的，有点像葱

葱莲的花是白色的

韭莲的花是粉红色的

葱莲不是葱也不是莲。它的叶子长条形，摸起来有点厚，像葱叶，但却不像葱叶那样空心，也完全没有葱那样的辣味。它的花有6枚白色的花瓣向外开展。葱莲属于石蒜科，和花色血红的石蒜是亲戚。

葱莲有个近亲叫韭莲，原产墨西哥、中美洲到哥伦比亚。它的叶子呈扁条形，有点像韭菜，但也没有韭菜味。它的花和葱莲很像，不过不是白色，而是粉红色的。

葱莲和韭莲这一对“姐妹花”，都有“风雨花”的别名。原来，它们都喜欢在潮湿的天气中开花，所以我们经常可以看到一场雨过后，路边的葱莲或韭莲便突然大量开花，浓绿的叶丛上面点缀着许多白色或粉红色的美丽花朵。有趣的是，它们可以准确识别周边环境是不是真的潮湿。如果你为了戏弄它们，骗它们开花，而给它们浇一会儿水，它们是不会误以为下过雨而上当开花的。

石蒜科是一个著名的观赏花卉家族，光在本书中就介绍了葱莲、韭莲、石蒜、百子莲、黄水仙等好几种，除此之外还有其他很多有名花卉，比如君子兰、文殊兰、水鬼蕉等。然而，石蒜科也是著名的“放毒”家族，这些植物大多都会合成一类叫生物碱的有毒物质，动物误食后会引发中毒。它们通过这种方式，让食草动物们学会避开它们，不去乱吃。

sū　　tiě

苏　铁

【别名】铁树
【学名】*Cycas revoluta*
【家族】苏铁科
【株高】高约2米
【分布】中国福建沿海，日本西南部沿海
【花期】花期6—7月，种子10月成熟

苏铁的种子有毒，千万不要

苏铁看起来就像一棵长在地上的巨大菠萝头。它的茎不高，上面铺满棕褐色的鳞片，就像裹着一层厚实的铠甲。茎干顶端的那一大丛叶子，每一枚叶片都像巨大的羽毛。

雄苏铁树的雄花序看起来像个大松果

苏铁有个别名叫“铁树”。“铁树开花”说的就是它。不过“铁树”这个名字最早指的并不是苏铁。南宋有个叫“或庵”的禅师在一首诗里写道：“铁树开花，雄鸡生卵”，这里的“铁树”其实是一种比喻：就像公鸡不会下蛋一样，“铁做的树木”怎么能开花呢?

苏铁的雌球花

时过境迁，后代的文人雅士见到了苏铁，觉得它那布满鳞片的树干看起来坚硬如铁，又发现它的生长缺不了铁元素，便把“铁树”这个名字给了它。据说要是苏铁因为缺铁而萎蔫，只要在它的树干上钉上铁钉，它就能徐徐复苏。巧的是，在气温相对较低的长江流域和更北的地方，如果照顾不周，苏铁往往多年不会开花，更让人觉得它就是传说中很难开花的铁树了。

虽然现在在城市里常常能看到苏铁，但野生的苏铁却过得并不好，因为人类滥采乱挖、破坏生境，在20世纪60年代还可以在福建见到的野生苏铁如今已经绝迹。就连城市里的一些栽培苏铁，也常常有人不爱惜。在上海，每年冬天有很多盆栽的苏铁就被冻死在高楼大厦宽敞的大门两边，用枯黄的叶片展示着自己和家族的苦难。

作者
李佳

1984年生。2007年毕业于内蒙古农业大学生态环境学院，获学士学位；2010年毕业于西北大学生命科学学院，获硕士学位。2010年至2014年在深圳华大基因公司任职。现为上海辰山植物园（中国科学院上海辰山科学研究中心）科研助理、工程师。

摄影
寿海洋

北京林业大学植物学硕士，高级工程师，现供职于上海辰山植物园科普部，从事科普教育工作，主要负责植物科普展板的制作和科普手册的编写，被上海市科普教育基地联合会评为“2015年度优秀科普工作者”。

绘者
邬家祯

视觉传达设计专业在读，人文艺术博主。曾获浙江省政府奖学金、浙江省大学生艺术节一等奖、浙江省大学生多媒体竞赛本科平面组三等奖、浙江省第五届知识产权杯一等奖等。

植物手工创意设计
郑英女

上海绿洲公益发展中心项目总监，自然公益学堂讲师，从事自然教育项目近九年，擅长自然手工、自然游戏，开发“绿果果闯自然”课程带进校园和社区。曾创作出版《叶宝宝找妈妈》绘本故事。师从自然野趣创始人黄一峯先生。

图书在版编目(C I P)数据
好看的植物 / 李佳编著. —上海：少年儿童出版社，2018.3
（发现植物）
ISBN 978-7-5589-0269-7

Ⅰ.①好… Ⅱ.①李… Ⅲ.①植物—普及读物Ⅳ.①Q94-49

中国版本图书馆CIP数据核字（2017）第301371号

发现植物
好看的植物
李　佳 编著
寿海洋 摄影　邬家祯 插图
陈艳萍 装帧

责任编辑 王　慧　美术编辑 陈艳萍
责任校对 陶立新　技术编辑 陆　赟

出版发行：少年儿童出版社
地址：上海延安西路1538号 邮编 200052
易文网 www.ewen.co　少儿网 www.jcph.com
电子邮件 postmaster@jcph.com

印刷 上海中华商务联合印刷有限公司
开本 787 × 1092　1 / 20　印张 7
2018年4月第1版第1次印刷
ISBN 978-7-5589-0269-7/N · 1073
定价　40.00元